量子計算實戰

Practical Quantum Computing for Developers

First published in English under the title
Practical Quantum Computing for Developers: Programming Quantum Rigs in the Cloud using
Python, Quantum Assembly Language and IBM QExperience
by Vladimir Silva
Copyright © Vladimir Silva, 2018
This edition has been translated and published under licence from
APress Media, LLC, part of Springer Nature.

目錄

Chapter 1　奇異又美妙的量子力學世界

Chapter 2　量子計算：細究真實背後的脈絡

Chapter 3 IBM Q Experience—獨一無二的雲端量子計算平台

Chapter 4　QISKit—用 Python 寫量子程式的絕佳 SDK

Chapter 5　啟動引擎：從量子隨機數到遙傳，以及初探超密編碼

Chapter 6　玩轉量子遊戲

Chapter 7　利用量子力學的遊戲理論—你的贏面總比別人高

Chapter 8　更快速的搜尋，以及威脅非對稱密碼學基礎的 Grover 與 Shor 演算法

關於作者

Vladimir Silva 從 Middle TN 州立大學取得電腦科學碩士學位。他在 IBM 作為研究工程師工作五年，在這段期間獲得廣泛的分散與網格計算方面的經驗。

他擁有許多 IT 證照，包括 OCP、MCSD、MCP，也幫 IBM developerWorks 寫過許多技術文章。他之前的著作包括 *Grid Computing for Developers*（Charles River Media）、*Practical Eclipse Rich Client Platform*（Apress）、*Pro Android Games*（Apress）、*Advanced Android 4 Games*（Apress）。

身為狂熱的馬拉松跑者、已在北卡全州完成了 16 場賽事（迄本書寫作之時），在寫程式、寫作、或跑步之外的時間，他喜歡彈奏古典吉他以及思考像是量子力學這類很棒的事物。

關於技術審閱者

 **Jason Whitehorn** 是有經驗的企業家與軟體工程師，也幫助過許多油氣公司自動化及加強他們的油田解決方案—透過現場資料擷取、SCADA、以及機器學習。Jason 從 Arkansas 州立大學獲得電腦科學學士學位，但是他對程式發展的熱情可追溯到在那之前的許多年—中學時在家裡電腦上自學 BASIC 程式設計。

在他教導或協助工作團隊、寫作、或從事許多個人計畫之外的時間，Jason 喜歡住在 Oklahoma 的 Tulsa 區域，陪伴妻子與四個孩子。更多 Jason 的個人訊息請參見其網站：https://jason.whitehorn.us

前言

本書之目的是作為雲端量子程式設計的終極指引。由於 IBM 研究單位人們的努力，雲端量子運算得以實現。IBM 不只讓這套雛型的量子裝置（被稱為 IBM Q Experience）用在研究，同時也開放給有興趣的一般大眾使用。

量子計算越來越受矚目，現在學習如何撰寫量子程式正逢其時。再過個幾年第一部商用量子電腦將會問世，而且相較於傳統電腦，其帶來的計算效能改進極為可觀。如下圖所示、兩個大數質因數分解演算法的時間複雜度：一個是最好的古典算法，數域篩選法（Number Field Sieve）；另一個是 Peter Shor 發展的量子因數分解算法。

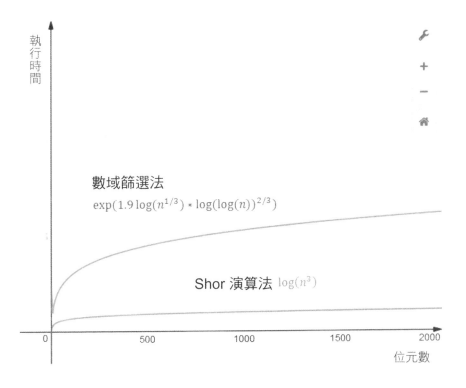

Shor 演算法比現今密碼學之基礎的數域篩選法快上許多—如果 Shor 演算法被實現，目前的非對稱加密法就沒用了！

總之，本書是一趟瞭解之旅。如果書中解釋的觀念不好理解—你並不孤單。偉大的物理學家費曼（Richard Feynman）曾說過：如果有人告訴你他懂量子力學，那表示他其實不懂。即使是熟知這整套怪異理論的泰斗們，也花了好大的力氣，嘗試了解其背後真正的涵義。

我嘗試盡我所能地用實際的演算法、電路、程式及圖形結果來探索量子計算。書中有些演算法不但違反邏輯，還更像是巫毒魔法，而不像物理系統的計算描述。這也是我想探討這方面主題的原因。雖然量子力學的理論難懂，但是這套絕妙的理論卻又令人著迷。所以當 IBM 推出獨一無二的雲端量子計算平台，並開放給公眾使用時，我便立刻跳入學習且完成這本著作。

最後，本書反應了我對雲端量子計算的看法。希望讀者在閱讀過程中，也享受到我在寫書過程中感受到的樂趣。我有個小小建議：來學習量子程式設計吧！很快資料中心就會有量子電腦，用來執行搜尋、模擬、醫療、人工智慧等各式各樣你想像得到的工作。本書的章節大致上安排如下：

第 1 章：奇異又美妙的量子力學世界

整個故事從 1930 年代、不願被視為天才的普朗克開始。他提出一個關於光譜能量分布的新詮釋，藉著壓抑內心的違和感、先假定光子的能量並非古典物理學家所以為的連續分布；相反地，乃是由一團一團稱為量子（quanta）的東西所構成。這可說是上個世紀偉大科學革命—量子力學的開端。本章是後面主要章節的開胃菜，另外也探討了兩位物理巨人的衝撞—愛因斯坦及波耳。量子力學是 1930 年代的革命性理論，但當時大部分的科學界對它仍感排斥，其中也包括大科學家愛因斯坦。對於剛拿到諾貝爾獎的愛因斯坦來說，他無法接受量子力學的機率本質。這使得他與量子力學的最大擁護者波耳之間產生了裂痕，即使兩位巨人爭辯了數十年也無法消除彼此間的歧異。最終，量子力學熬過 70 年的理論與實驗挑戰，並總是贏得勝利。本章在以兩位巨人為故事主軸的脈絡下，探究相關的理論、實驗及其結果。

第 2 章：量子計算：細究真實背後的脈絡

到了 80 年代，另一個大物理學家費曼提出量子電腦的想法，也就是利用量子力學的原理更快速地解決問題，也開啟了打造量子電腦的競賽。本章探索量子電腦的基本架構：量子位元（qubit），也就是量子計算的基本組成單元。它看起來似乎不起眼，但卻擁有近乎神奇的特性：疊加（superposition）。信不信由你—量子位元可以同時為 0 及 1。在我們生活的巨觀世界中，此項觀念很難理解。但是在原子層面上，所有事情都變得不確定了—透過實驗，已經被證明超過 70 年了。重疊原理讓量子電腦只用相對少數的量子位元，便能超越傳統電腦、執行大量的運算。另一個讓人感到費解的現象是量子位元間的糾纏（entanglement）：它更像巫毒魔法，而不像物理定律。糾纏量子位元在觀察中發生的狀態轉移，其速度甚至比穿越時空的光速更快！嘗試想看看這會是什麼光景。總之，本章探索量子電腦背後的實體元件：量子閘、以及各類型的量子位元—例如超導環、離子阱、拓撲辮等等。此外，還介紹了目前幾個主要的量子計算玩家的進展，以及其他類型的量子計算，比如量子退火。

第 3 章：IBM Q Experience—獨一無二的雲端量子計算平台

本章開始接觸 IBM Q Experience。這是第一個提供實際的量子裝置或透過模擬，並且開放給大眾使用的雲端量子計算平台。過去這類設備只在研究目的上使用，但是現在不同了。IBM 研究人員花了幾十年打造機器，又好心地開放給大家使用。

我們將學習使用視覺化的作曲家程式打造量子電路，或是利用很棒的 Python SDK 編寫程式。接著在實際裝置上執行量子電路，查看結果，跨出成為量子程式設計師的第一步。IBM 雖然最早推出雲端量子計算平台，但是競爭者仍緊跟在後。想必在不久的將來，其他 IT 巨人也會推出新的雲端平台，所以現在學習正是時候。

第 4 章：QISKit—用 Python 寫量子程式的絕佳 SDK

QISKit 是量子資訊軟體套件的縮寫，也是在雲端或本地模擬器寫量子程式的 Python SDK。本章學習如何在 PC 上設定 Python SDK，接著會談到如何利用線性代數描述量子閘，使我們對背後的原理有更深的了解。這是進行第一個量子程式—以很簡單的程式來熟悉 Python SDK 語法前的一個暖身。最後，我們會在實際的量子裝置上執行程式。當然，量子程式也可以用視覺化的作曲家程式來打造。本章讓讀者對量子閘、以及量子程式的基本組件，建立更深入的了解。

第 5 章：啟動引擎：從量子隨機數到遙傳，以及初探超密編碼

本章探究量子系統三種出色的資訊處理能力。量子隨機數的產生乃利用量子力學的特性，作為真正隨機性的來源。我們將學習如何用簡單的邏輯閘、以及 Python SDK 來進行實作。接著還會討論兩個相關的資訊處理協定—超密編碼以及量子遙傳。它們不但名字聽起來響亮，也有近乎魔術般的特性。我們找出其中的祕訣，在作曲家程式底下設計電路，再利用 Python 進行遠端執行，最後解釋並驗證結果。

第 6 章：玩轉量子遊戲

本章利用量子電腦實作一個小遊戲—藉著使用 QISKit Python 教學資源內附的經典量子戰艦遊戲。前面先探討遊戲的機制，再對它做一些大一點的「整形」。我們會把量子戰艦放到雲端，並提供瀏覽器使用者介面，以及 Apache CGI 的介面來作事件處理，並將其配發給量子模擬器等等。讀者可以利用瀏覽器玩雲端的量子戰艦，讓親友們好好見識一番。

第 7 章：利用量子力學的遊戲理論—你的贏面總比別人高

即使以量子力學的標準來看，這件事仍稱得上怪異。本章利用兩個謎題—偽幣謎題及 Mermin-Peres 魔方，展示量子演算法相較於古典算法所擁有的強大威力。在有限次數下利用天平找出偽幣的謎題中，量子演算法相較於傳統解法，在速度上能達到四次方的改進。Mermin-Peres 魔方則是量子偽傳心術的一個例子，也就是類似遊戲中的玩家能互相讀懂對方的心思—所以這樣能夠達到的遊戲效果只有在允許玩家於遊戲中互相溝通才有可能。

第 8 章：更快速的搜尋，以及威脅非對稱密碼學基礎的 Grover 與 Shor 演算法

本章以兩個演算法作為一系列討論的終結，這些演算法使得大家對量子計算的可能性大感興趣。一個是 Grover 的非結構化量子搜尋演算法，它能在 N 的平方根個步驟內完成搜尋—比最佳傳統方法的 N/2 個步驟快多了。雖然表面看起來改進程度似乎還好，但如果考慮到非常大的資料庫，傳統算法可能讓資料中心的資料庫停擺。所以一個合理的預期是：將來所有的網路搜尋都會用 Grover 演算法來執行。另一個是 Shor 的質因數分解—這個聲名狼藉的量子因數分解法，讓專家擔心會導致非對稱密碼學失效。這是展現量子計算威力的最佳範例，因其相較於最佳的傳統算法，提供了指數形式的速度改進。

▼線上下載

本書範例請至 https://github.com/Apress/practical-quantum-computing 下載。其內容僅供合法持有本書的讀者使用，未經授權不得抄襲、轉載或任意散佈。

CHAPTER 1

奇異又美妙
的量子力學世界

量子力學就像令人感到驚異卻又迷惑的寓言故事，內含科學、哲學、宗教，而且恕我直言—還有魔法的成分。它讓你的頭腦打結，有時還讓人質疑萬能造物主的存在。即使其概念深奧難懂，卻總讓人深深著迷。本章論述的一些觀念並不好懂，但是也不用為之煩惱。畢竟沒有人能完整描述背後的意義—即使是那些物理界的巨人。但是這不表示我們不能對其感到著迷。偉大的物理學家費曼說過：如果有人說他懂量子力學，那表示他不真懂量子力學。本章反映了筆者對此神奇故事的看法，以及兩位科學界巨人的爭辯如何形塑理論的過去、現在、及未來。

 故事開始於 1930 年代，也是愛因斯坦因特殊相對論（植基於牛頓物理學，將太空與地球現象統整起來）揚名於世的時候。當愛因斯坦放眼太空時，科學的一門新分支卻鑽入非常微小的領域。這個分支由大物理學家，像是普朗克、拉塞福、波耳做先鋒，開啟了 20 世紀物理學泰斗間其中一項最大的爭辯。一邊是因光本質、及特殊相對論的開創性發現而甫獲諾貝爾獎的愛因斯坦；另一邊則是因對於量子力學的貢獻而在 1922 年獲諾貝爾獎、以及獲頒通常只頒給皇家的丹麥大象勳章的波耳。我們來看看兩位巨人的爭鬥如何形塑科學理論的鉅作—量子力學。

© Vladimir Silva 2018
V. Silva, *Practical Quantum Computing for Developers*, https://doi.org/10.1007/
978-1-4842-4218-6_1

1

20 世紀的物理學黃金年代

20 世紀初，英國科學家拉塞福發現原子的一項驚人本質。他假定原子就像一個個的小型太陽系一般，由一個帶正電的小核心、及像小行星般圍繞核心旋轉的帶負電電子所組成。這是極大的洞察，因為稍早大家認為原子是一團帶正電及負電的簡單實體球。

　　波耳在 1920 年抵達位於劍橋的拉塞福實驗室，並愛上這個原子模型一但是還有個大問題有待解決。如果把古典牛頓物理學應用到這個模型，電子最終會掉入並與正電的原子核碰撞，成為災難性的悖論一最終沒有東西可以存在，因為電子會在幾秒內崩潰。波耳看見問題並憑藉無可阻撓的熱情，為此延遲婚期並取消蜜月，嘗試去解救拉塞福模型。波耳在一篇論文中假設電子依循不可變的固定軌道移動。雖然此假設與牛頓物理學相衝突，但卻借鑑了量子力學之父一普朗克的想法。

以普朗克與紫外災變為起點

普朗克提議熱與光乃以不可分割、稱為「能量子」的單位存在。普朗克的想法來自於解決黑體輻射實驗一過程中得到的靈感。黑體乃是一個吸收所有內部輻射（熱）的物體，並有一個空腔可讓一些輻射得以逃逸散出（參見圖 1-1）。當盒內的熱度升高，輻射的頻率會達到人眼可見光的範圍，並且發出不同顏色的光。當時的瓷器工人都知道在給定溫度下，所有物體發出的光顏色是固定的（參見表 1-1）。

黑體輻射

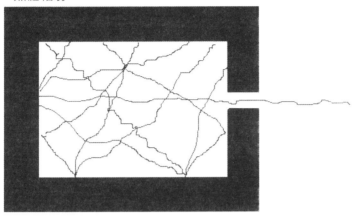

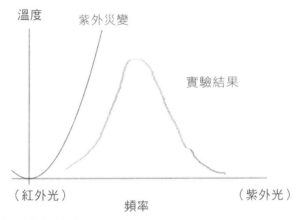

圖 1-1　黑體輻射實驗結果

表 1-1　不同溫度下的光顏色

溫度（°C）	顏色
500	暗紅
800	櫻桃紅
900	橘色
1000	黃色
1200	白色

　　圖 1-1 顯示黑體輻射實驗，以及從 1890 年代的輻射實驗蒐集得到的古典輻射理論曲線之間的對照。古典物理學家的實驗預測在紫外頻譜會有無限大的強度。這就是大家認知的紫外災變，也是令人懷疑的理論論證與實驗結果的產物。如果理論正確，那就表示坐到火爐附近可說是極其危險。普朗克想找出解決紫外災變的方法。

　　普朗克利用也被稱為亂度的熱力學第二定律來推導公式，用以解釋黑體輻射問題的實驗結果。

$$S = k \log W$$

　　此為波茲曼亂度（S），式中 k 是波茲曼常數，W 是元素中之原子呈現特定排列的機率—無論該元素是固體、液體、或氣體。

　　藉由波茲曼統計法計算亂度，普朗克嘗試找出符合黑體實驗結果的公式。透過將總能量分割成與頻率成比例的能量團，他最後得出一個能量團能量（e）與頻率（f）之間的關係式：

$$e = hf$$

其中 e 是能量團能量、h 是所謂的普朗克常數，f 則是頻率。但還有個問題。波茲曼統計法要求隨著時間過去，能量團會消逝不見—但如此會讓方程式失效。經過許多努力，普朗克只好不情願地假設能量大小必須是有限值。接著普朗克提出了非凡的洞見：如果這樣的假設正確，那就表示震盪器不可能吸收或發射任何連續範圍的能量。它只能吸收或發射不可分割的能量團 **e=hf**，也就是他所稱的「能量子」—這就是量子力學這個詞的由來。

波耳的量子跳躍

波耳把普朗克開創性的能量子觀念，應用到物質最小單位的原子上面。他提出一項原子與光之間的大膽想法，認為圍繞原子核的電子能藉由發射或吸收光，產生量子跳躍。所以量子跳躍乃兩個狀態之間的轉移，不過波耳還無法對其完整描述。

其他抱有懷疑態度的科學家把這個想法當成是胡說八道或只是為了掩飾無知、太大膽荒誕而不可能是真的。結果造成物理學界的裂痕—一方是圍繞波耳，相信物質的量子特性的人，另一方則是支持古典觀點的人。再過不久，愛因斯坦便會加入這場論戰中古典派的那一方。

巨人的衝撞：量子貓與測不準原理

在 1920 年代中葉之前，這套物質量子本性的新理論卻是搖搖欲墜，面臨可能早夭的命運。還需要有兩個最新、開創性的理論來奠定其堅實的根基。

第一個在 1926 年左右出現：德國物理學家海森堡創造對於原子的數學描述—即今日所知的矩陣力學，來證明波耳的觀點。他提出的觀念即使對老練的物理學家都嫌太過複雜，但是他最大的貢獻是提出知名的測不準原理—我們接著會探討。第二個發明來自奧地利物理學家薛丁格，他把原子重新描繪為波而不是粒子。這個想法乃植基於法國王子德布羅意的論證。德布羅意猜測粒子也擁有波的性質，所以要了解光的本質恐怕得利用二元性才行（參見圖 1-2）。

粒子

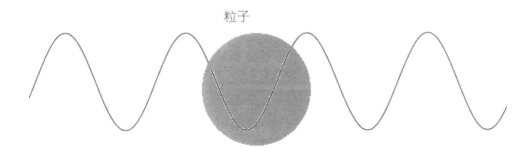

圖 1-2　光子本質的二元性，行為既像粒子又像波。

德布羅意利用愛因斯坦有名的能量公式 $E = mc^2$ 以及普朗克的能量子 $e = hf$ 來找出光的波長（λ）與動量（P）之間的關係：

$$E = mc^2 = (m\ c) * c$$

（mc）是光子的動量（P）、又 c（speed）= f（frequency）* λ（wavelength），方程式變成：

$$E = (P)(f\lambda)$$

等一下！普朗克關係式又說能量 E = (h)(f)，所以利用基本的代數，德布羅意得出結論：

$$h * f = P * (f\lambda)$$
$$h = P * \lambda$$
$$\lambda = h / P$$

德布羅意證明當動量增大時，光子的波長會變短（圖 1-3）。作為類推，他主張此關係不只對光子有效，對所有粒子也都成立。而且在當時，電子的動量 P = 質量 * 速度可輕易透過實驗決定，所以其波長可從德布羅意方程式計算而得。這種觀念在當時很荒謬，因為古典物理學家都知道電子是粒子─早在 1897 年便被湯姆森（J. J. Thomson）發現的事實。

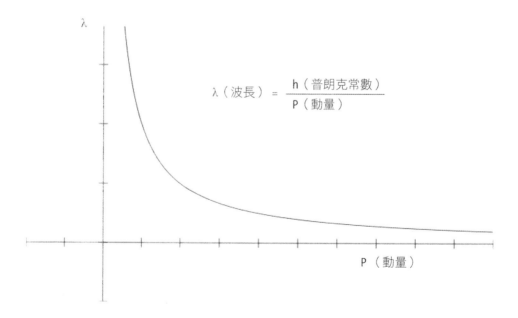

圖 1-3　光子的波長與動量的德布羅意關係式

　　薛丁格利用德布羅意的想法，找到在當時更能被接受的一條途徑，也標記著回歸到古典物理連續、可視化的世界。他的波函數雖然正確，但為了安撫當時的普遍想法可就錯得離譜了。

萬能的波函數

薛丁格想找出能應用於所有物理系統的波函數，且擁有能表達系統能量的數學形式，因此創造了以希臘符號 ψ 表示（參見圖 1-4，其發音為 Psi）、眾所皆知的波函數。波函數利用解方程式的傅立葉方法，將任意數學函數表示為無限個週期函數的和。這項技巧是所謂的**解本徵值**方法（本徵是德文中表示「確定」的意思，這個詞常在量子物理中出現）。薛丁格的波函數很快被接受為解原子結構問題的強力數學工具，也被認為是二十世紀最偉大的成就之一。

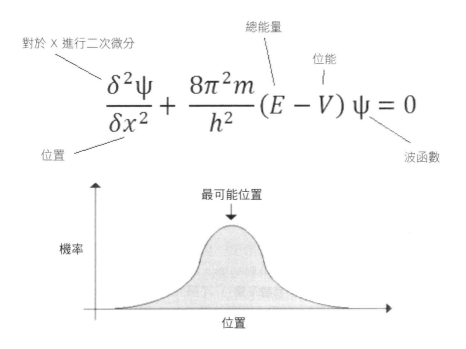

圖 1-4　薛丁格知名的波函數試圖描繪任何已知能量的物理系統

　　在波函數的強大威力下，波耳跟海森堡也加入薛丁格這一方—不過他們還是得先弄點不一樣的花樣。在哥本哈根一個新成立的機構中，三位巨人於 1926 年碰面討論。

　　薛丁格不接受波耳及海森堡關於原子結構中，存在不連續量子跳躍的觀念。他想用其新發明返回到不受突然躍遷干擾、連續過程的物理學。事實上他相當於提出一個完全利用波來詮釋的古典物質理論，即使已經到了懷疑粒子是否存在的地步。薛丁格提出粒子事實上是波的疊加組成的—但後來被勞倫茲證明為偽，也把薛丁格帶回現實—畢竟要贏過所有人是不可能的。薛丁格後來對於把波動視為所有物理現實來源的信念，也產生動搖。

　　波耳、海森堡、薛丁格激烈辯論直到筋疲力盡。波耳要求所有論證都不含糊，也強迫薛丁格承認其詮釋並不完整。薛丁格堅守其古典觀點，有時還抱怨波耳在原子理論與量子跳躍方面的研究（或許他當初並非有意為之）。

　　薛丁格討厭波耳對原子結構的解釋。最後還得有塊拼圖，才能讓這兩個巨人對堅實的量子理論達成一個共識。

ψ 的機率詮釋：波函數不是量子力學的基礎，反而是要打倒它

就像偉大的搖滾吉他手 Jimi Hendrix 聽到 *Hey Joe* 這首歌後將之翻唱，變成自己的歌曲，並創造了可能是最偉大的翻唱曲之一的成就—量子力學之父們也是如此。他們了解波函數的強大威力，並將其納為己有。這裡還有個小趣聞，就是薛丁格厭惡普朗克的不連續能量與熱量的詮釋，所以想用自己的平滑連續波函數來打敗普朗克的能量子學說。雖然難以置信，但是在 1930 年代，普朗克的發現實在太具革命性，所以大部分物理學家都認為他瘋了。但就像 Hendrix 對那首歌曲的處理一樣，量子力學的奠基之父們也把波函數納為己用。

　　突破來自於德國物理學家波恩的想法，將波函數視為給定狀態下散布於某方向之電子的機率分布。波恩主張某個狀態的存在機率（P），乃由正規化波函數振幅的平方大小來決定。也就是說，$P = |\psi|^2$。這在當時極具開創性，因為波恩不再追尋精確的答案了—所有原子理論給的都只是機率。這種全新的想法讓波耳對原子的詮釋走向一個全新的方向（圖 1-5）。

氫基態

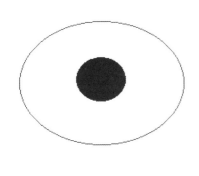

波耳模型

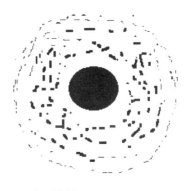

波恩模型

圖 1-5　波耳與波恩的機率性波函數之間的對照

量子貓企圖破壞波恩的機率宴會

當波恩提倡的波函數 ψ 機率本質之觀念得到認同，薛丁格卻認為他的波函數被誤用了，並因此衍生了很有名、讀者可能已聽聞且後來被稱為量子貓的思想實驗。在實驗中，薛丁格嘗試否決波恩的波函數機率詮釋。實驗的詳情是有隻活貓置於盒子中，裡面有可以觸發槌子打破內含毒藥之玻璃瓶的放射性物質。一旦瓶子被打破，貓就沒命了。假設放射性物質每小時衰變的機率是50%，薛丁格指出根據波恩的詮釋，量子理論將預測一小時後，貓將處於非生非死的狀態—也就是既生又死兩種波函數的疊加。薛丁格認為這實在是荒謬，也造成了悖論。不過到了今日，這個所謂的悖論常被用來教導有關量子機率與疊加態的觀念。

　　這是疊加聰明的地方：一旦盒子被打開，重疊的波函數將坍塌成為代表貓是生或死的單一波函數，所以藉由觀察便可解決僵局的存在。另一個令人驚嘆的洞察力來自於海森堡—透過思考波耳原子結構中，粒子位置所存有的些許不確定性。

測不準原理

海森堡思考著波耳原子裡的粒子之位置無法確定的問題。在許多思考後，他突然清楚了解到要知道粒子位置，必須先觀察它；要觀察它，又得以光子對粒子進行照射。但是這樣卻會擾動粒子的位置，所以觀察的舉動會改變粒子的位置。海森堡將此想法稱為測不準原理。

　　為研究問題，海森堡利用能發射伽瑪射線的顯微鏡，構思一個假想實驗。伽瑪射線以具備高動量、且低頻的方式射向被觀察的電子。藉著波耳的協助，目標是透過預估位置與動量同時測量時所產生之不精確量，來得到一個定量描述的關係式。人們發現位置的不精確量很接近所使用的輻射波長，也就是 $\Delta X \sim \lambda$。

　　同樣地，電子動量的不精確量也接近所使用的照明光子之動量，$\Delta P \sim h/\lambda$。從德布羅意方程式，光子動量 $P = h$（普朗克常數）$/\lambda$（波長）。海森堡證明將兩個不等式相乘，乘積將總是大於或等於 h。

$$\Delta X * \Delta P \geq \lambda * h/\lambda$$
$$\Delta X * \Delta P \geq h$$

　　這就是海森堡的測不準原理（HUP），也正式地宣告：同時測量位置與動量的不確定程度總是大於一個接近普朗克常數 h 的固定量。

　　物理學家常用一個稱為單狹縫的簡單實驗，來展示實際的測不準原理。實驗如下：雷射光射向一個垂直寬狹縫，並顯示在投影幕上。在寬狹縫情形下，我們看到的是如所猜測的螢幕上的一個寬點。如果把狹縫寬度變窄，寬點的邊也跟著變窄，一直到狹縫寬度約 1/100 英吋時，測不準原理開始介入。依照海森堡的理論，此時波束的方向開始變得不確定，所以光束的擴展範圍也變得越來越大了！聽來瘋狂—為何狹縫變窄會讓光束變寬！雖然很不符合直覺，但事物運作就是如此。

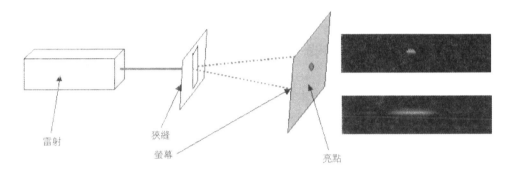

圖 1-6　用來顯示實際運作中之測不準原理的單狹縫實驗

　　測不準原理極其重要，因為它整合了奠定現代量子理論基礎的薛丁格及波耳之間的裂痕。也就是電子如波耳假定的是個粒子，但依照測不準原理（海森堡）我們無法知道其確切位置。最後，電子在某處出現的機率由波函數（薛丁格/波恩）決定。因此電子本性具有二元性—同時具有粒子與波的特性。藉由上述這些資訊，堅實的量子力學觀點得以呈現，也就是後來人們所知曉的哥本哈根詮釋。

干涉及雙狹縫實驗

干涉是另一個奇妙的量子力學特性，也讓人不免思索實相的背後究竟是怎麼運作的。大物理學家費曼曾就干涉表示過：量子力學的本質可以從干涉與雙狹縫實驗的探索來掌握。

　　眾所周知在十九世紀初，有個關於光本質為何的熱烈辯論。有些人，比
如像牛頓，認為光由粒子所構成；其他人則認為光的行為像波動。所以在 1801
年，楊設計了雙狹縫實驗，想釐清事情的真相。實驗是讓一束光射向有兩個
垂直狹縫的障礙物，穿透狹縫產生的光的樣式則記錄在照相底片上。當其中
一個狹縫被遮住時，只有一條亮線被記錄下來，且跟打開的狹縫保持一致。
常識跟直覺讓我們預期如果兩個狹縫都打開，結果應該是跟兩個狹縫一致的
兩條亮線。令人難以置信的是結果卻非如此，實際發生的是光穿越狹縫後，
在底板上呈現許多條明暗不一的亮線（圖 1-7）。

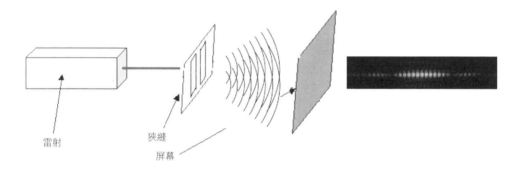

雷射　　　　　狹縫
　　　　　　　屏幕

圖 1-7　楊的雙狹縫實驗

　　這項令人費解的結果，困擾了假定干涉乃來自於穿越狹縫的波或粒子的
物理學家。如果光束慢到每次只有一個光子打到照相底板，人們可能預期只
會看到兩條線（光子只從某個狹縫通過，所以只可能抵達兩條亮線的其中之
一），但情況卻非如此。事實上光又不知怎地做了一件不可能的事情：每個
光子不只經過兩個狹縫，而且還同時走遍了到達底板的所有可能路徑（這也
是干涉的原理）。

　　像這種似乎不應該發生的干涉事件卻在原子尺度上出現，讓當時最聰明
的一群人極度困惑。但過不了多久，新理論又得面對來自物理界巨人愛因斯
坦的最大挑戰。

愛因斯坦告訴波耳：上帝不擲骰子

讀者不管是否從事科學相關的工作，可能都聽過愛因斯坦說過有名的「上帝不擲骰子」這句話。這是愛因斯坦跟波耳經過許多信件交流、討論量子力學本質時說出來的話。波耳認為時空觀念在原子層次不適用；相反地，愛因斯坦則是時空架構的堅信者，認為時空觀念可延伸到原子尺度。這是兩者意見不一致的根源所在。

　　愛因斯坦認為可以在不干擾原子質點的情況下測量其特性，所以跟波耳/海森堡的解釋有所牴觸。兩位巨擘在 1927 年布魯塞爾的一次大物理學家聚會中面對面，當時愛因斯坦嘗試徹底證明測不準原理並不正確。

　　愛因斯坦以一系列思想實驗挑戰波耳，以否定測不準原理。第一回合，愛因斯坦設想一個能精確記錄光子從邊上的一個小洞射出之時間的盒子，並同時量測其重量（圖 1-8）。

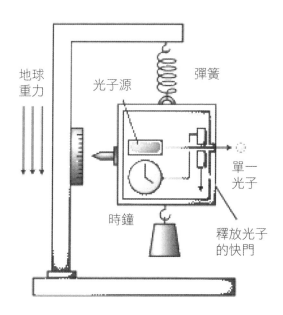

圖 1-8　愛因斯坦反駁不確定性原理的實驗盒

在圖 1-8 的思想實驗中，盒子裡的光源有個設計來測量光子發射之精確時間的時鐘。同時盒子掛在彈簧下面、底下再放個重物，旁邊還有相關的測量設備。實驗的想法很簡單：量測盒子發出光子前後的重量，並且用時鐘記錄精確的時間。至於光子的能量藉由 $E = mc^2$ 便可計算。當時看起來測不準原理有點不妙，如果實驗正確，則測不準原理將被否定且量子理論就輸了。

波耳必須立刻回應，讓愛因斯坦知道如果他的實驗是對的，那就意味著物理的終結。最後的結果是波耳佔上風，他說明愛因斯坦忘了把自己發明的理論納入考量—時鐘會受重力影響，使得測量時的時間點產生不確定性。波耳利用愛因斯坦的方程式及紅位移公式，證明不確定量的下列不等式 $\Delta E \ \Delta t \geq h$。至於位置（$\Delta q$）與動量（$\Delta p$）的不確定量則滿足：

$$\Delta p \ \Delta q \geq h \qquad\qquad (1\text{-}1)$$

又動量的不確定量（Δp）滿足 $\Delta p \leq t \ g \ \Delta m$，所以可以得出：

$$t \ g \ \Delta m \ \Delta q \geq h \qquad\qquad (1\text{-}2)$$

從紅移公式與時間膨脹原理得出：

$$\Delta t = c^{-2} g \ t \ \Delta q \qquad\qquad (1\text{-}3)$$

$$\Delta E = c^2 \ \Delta m \qquad\qquad (1\text{-}4)$$

將兩式相乘得到下式：

$$\Delta E \ \Delta t = g \ t \ \Delta m \ \Delta q \qquad\qquad (1\text{-}5)$$

最後比較（1-5）跟（1-2），便可得出測不準原理的不等式 $\Delta E \ \Delta t \geq h$。由此結果第一回合由波耳取勝，但還沒完。愛因斯坦相信有個物理真實的完整圖像，測不準原理對他卻是個障礙。他會再次帶來更大的挑戰。

波耳告訴愛因斯坦：不用跟上帝講該做什麼

愛因斯坦無可動搖地相信上帝不擲骰子，也就是堅定地相信真實乃獨立於個人而存在。當愛因斯坦寫信給波耳表示上帝不擲骰子，波耳則回覆不該告訴上帝怎麼做才對。所以在嘗試了解原子核穩定的機制中，兩人的第二次論戰又揭開序幕。在此論戰發生的 1930 年代中葉之前，廣義相對論及量子論已被廣泛接受為物理世界運作的準則。第二回合聚焦在量子理論最具矛盾性的面向─原子粒子即使在很遠的距離下仍保持彼此的連結性。

糾纏及 EPR 悖論：鬼魅似的遠距作用

一開始光被視為波，但愛因斯坦證明它也有粒子的性質，所以也被稱為光子。原子也一樣，既有波也有粒子性質，只差在是測量哪方面的性質。而且完整的圖像都得包含這兩種情況，這是波耳稱之為互補性的要求。

　　所以怎麼在這兩種矛盾下去理解物質？波耳認為原子存在於人的感知範圍之外，但是愛因斯坦不接受這樣的看法，認為時空是一切物理現實的基礎，也想將此觀念延伸到原子領域。另一方面波耳認為時空並無意義，且真實是不可知的─我們只能看到現象而已。

　　此時愛因斯坦發動第二輪，也是對波耳的最後挑戰。在一份與同僚 Podolsky 及 Rosen 合寫的論文上，愛因斯坦提出問題：量子力學能完整解釋物理真實嗎？他提出一個思想實驗：兩個粒子有相同性質，且從同一來源發射出去而分離開來。所以藉由測量第一個粒子應可得到有關第二個粒子的資訊，但卻沒有干擾到第二個粒子。實驗的目的是要顯示：波耳認為粒子行為與測量裝置有關的想法，是極其荒謬的。依照量子力學，測量第一個粒子的行為將穿越時空影響另一個粒子。

　　如果假設兩個粒子相隔很遠（例如在宇宙的兩端），便會造成悖論，違背了科學基本原理因果論─也就是所有現實事件都有因跟果，而且事件傳遞的速度不能超越光速─宇宙的終極速度限制。愛因斯坦將此稱為定域因果律，或簡稱為定域性原理。後來人們將此悖論稱為 EPR 悖論。

　　波耳一知道有這份論文，立刻把其他工作擱置，因為得先回應他們的挑戰。雖然一開始感到勉強，最後波耳不得不宣稱兩個粒子應該被視為一個糾纏的單一系統，也就是不管相距多遠，時空在此並無意義。因此，原子世界的真實圖像是不可知的。

　　愛因斯坦將相距長距離的糾纏粒子之效應稱為「鬼魅似的遠距作用」。兩位巨人間的想法差異並未解決，直到 1965 年物理學家貝爾做出的突破才讓事情確定下來。

貝爾不等式：糾纏現象的試驗

貝爾提出一組不等式，來檢驗是否有局域隱藏變數的實驗。貝爾不等式理論的正式表述是：含有局域隱藏變數的物理理論，並無法完整重現量子力學的預測[1]。它可以用下列數學式來表示：

$$C_h\,(a,c) - C_h\,(b,a) - C_h\,(b,c) \le 1，其中$$

$$C_h\left(a,b\right) = E\left(A\left(a,\lambda\right), B\left(b,\lambda\right)\right) = \int_\Delta A\left(a,\lambda\right) B\left(b,\lambda\right) p\left(\lambda\right) d\lambda$$

　　有個利用簡單的統計平均，來理解這個重要定理的簡易方法。考慮三個不同角度的光子極化（即光在特定平面的振盪） A=0、B=120、C=240 度（圖 1-9）。

---

[1]　貝爾，量子力學中的可言與不可言。劍橋大學出版社，1987，p.65。

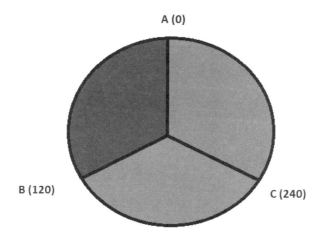

圖 1-9　三個不同角度的光極化

　　根據貝爾定理，如果物理真實與觀察無關，那麼光子同時有確定的三個極化值存在，且對應於 表 1-2 的 8 種可能性之一。

表 1-2　光子極化三種角度的排列表

計數	A(0)	B(120)	C(240)	[AB]	[BC]	[AC]	總和	平均
1	A+	B+	C+	1(++)	1(++)	1(++)	3	1
2	A+	B+	C−	1(++)	0	0	1	1/3
3	A+	B−	C+	0	0	1(++)	1	1/3
4	A+	B−	C-	0	1(--)	0	1	1/3
5	A-	B+	C+	0	1(++)	0	1	1/3
6	A-	B+	C-	0	0	1(--)	1	1/3
7	A-	B-	C+	1(--)	0	0	1	1/3
8	A-	B-	C-	1(--)	1(--)	1(--)	3	1

現在來問個簡單的問題：如果量測任意角度的光極化，則在該角度的任一近鄰之極化方向會與該角度相同（同為正或負）的機率有多高？表 1-2 也同時計算極化的和以及平均值，鄰近的極化則表示在 AB、BC、AC 這幾行。A、B、C 行的 +、- 號表示該角度的極化為正或負。注意依照行的數目，總共有 8 組可能的排列情況。如果近鄰的極化方向相同（正負號相同），則標記 1 及其符號在 AB、BC、AC 行。這樣才能對排列表的每一列計算和及平均值。

如果有個極化如愛因斯坦所言，不受測量所影響（局域因果律），那麼該極化出現的機率一定會 ≥1/3。另一方面如果波耳才是對的，也就是真實乃依觀察而定，那麼極化的機率會 <1/3。這才是貝爾不等式的核心—貝爾不選邊站，也不斷言誰對誰錯，他只提供從實驗找到真相的方法。事實上到了 1982 年，法國物理學家 Alain Aspect 設計了一項實驗，決定性地證明了波耳才是對的。

EPR 悖論落敗：笑到最後的人是波耳

Aspect 的實驗用雷射光束照射鈣源，產生一對移動方向相反的光子。光子再經過一道偏光鏡，只有極化相同的光子才能穿透。兩邊都放有測量裝置，記錄光子的穿透情形。最後測量裝置接到一個計數器，記錄許多次交互作用的結果（圖 1-10）。

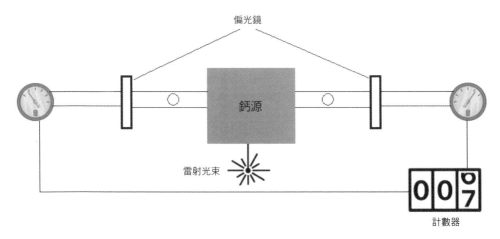

圖 1-10　Aspect 檢驗貝爾不等式的實驗—第一階段

如果兩個濾光鏡調成同一個方向，Aspect 觀察到光子對之間有相關性─不是同時通過就是同時被阻擋。這種相關性與愛因斯坦的觀點一致：也就是光子在發射時已有確定的極化特性，而非量子力學預測的在測量時才確定了這些特性。

另一方面如果濾光鏡的偏振設定不同，那麼應該有個最小比例的光子可能穿透或被濾光鏡阻擋。此處便是貝爾不等式登場的時候了（參照前一節表 1-2）：

- 如果穿透或被阻擋光子的比例大於或等於期望的最小值，則貝爾不等式成立且光子的極化特性在光子對發射時就已經確定（如此則勝利歸於愛因斯坦，且量子力學落敗）。

- 如果比例小於期望的最小值，則貝爾不等式不成立，且量子力學是正確的。也就是極化特性在測量時才確定下來─波耳贏了，量子力學得救了。

Aspect 在不同的極化設定下，進行許多光子對的測量。結果令人驚訝：測量結果違背了貝爾不等式，所以極化特性不是在光子發射時便事先確定─量子力學才是對的。光子對在測量時選擇了相同的極化，所以光子間是否有某種未知的信號傳遞，讓兩者在測量時選擇一個共同值？

愛因斯坦的相對論認為宇宙沒有信號能比速度極限─光來得更快，所以他把此種明顯呈現同時性的信號稱為鬼魅似的遠距作用。Aspect 想在第二階段實驗測試這項遠距作用是否可能成立。

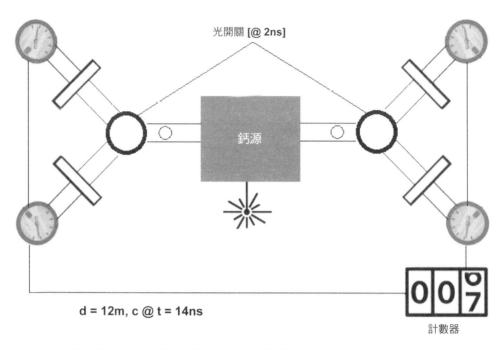

圖 1-11　測試鬼魅似的遠距作用的 Aspect 實驗

　　在此第二階段的實驗中，Aspect 使用兩個光開關，讓光子有兩條不同偏光鏡及測量儀器的路徑（圖 1-11）。跟以往一樣，所有測量儀器再接至計數器，記錄所有結果。

- 光開關以極快的速度（2 奈秒），將光子導向兩條路徑之一。

- 實驗配置的兩端相距 12 米長，所以光（時速 $3*10^8$ 米/秒）需要費時 40 奈秒方能從一端到另一端。

　　如果依照相對論所描述，光子間的通信需費時超過 40 奈秒才能告訴對方應選擇哪種極化或偏振值。因為光開關切換速度更快（2 奈秒），光子間的相關性應無法維持，也就是光子無法在測量時選擇同樣的極化特性（即鬼魅似的遠距作用不存在）。另一方面，如果相關性仍存在，則事情就極為怪異了，因為這表示某種快於光速的信號在光子對之間傳遞。

　　令人難以置信地，相關性仍存在，也就是完美地與量子力學的看法一致。所以也決定性地證明了光子對之極化乃在測量時同時、且以快過於光速的方式由兩個光子選定。此事背後的涵義令人驚異，因為光子間的距離有可能無限大（位於宇宙兩端），或更令人毛骨悚然的是─橫跨時間，從現在到過去或是相反都有可能！

令人迷惑的真實性：萬物互相連結？

Aspect 實驗證明了量子相關性的存在，並且如果要解釋而不只是接受這種現象，我們必須承認有些行動可快過光速。如果這讓有些人難以接受，那麼還有更詭異的事。在一個英國廣播公司的電視訪談中，物理學家貝爾說：對此我們毫無辦法。我們無法以快過光速的速度傳送訊息或資訊，這也是量子力學的預測。但似乎大自然在對我們開玩笑─超越常理的事情在背後發生，而且我們還無法拿來使用。

　　最終波耳與愛因斯坦兩位巨人在過世之前，並未解決彼此的差異，但他們的風範仍在。檢視他們令人著迷的一生，不免讓人想問：如果波耳知道 Aspect 的實驗，證明他一直都是對的，那麼他會有什麼感覺？他會因為勝過愛因斯坦而高興嗎？還是這是兩個自我中心的天才想證明誰比較行的爭鬥？讀者的看法呢？我傾向於相信這是為了科學的進步而不得不為的辯論。總而言之，這場兩位巨人的對壘，最後的贏家還是全體人類吧！

CHAPTER 2

量子計算：
細究真實背後的脈絡

從真空管時代開始，半導體已經歷過長久的發展—很難相信現在的電晶體大小約 14 奈米，跟分子大小差不多。本章要學習量子計算的起源，一切從電晶體的命運開始—似乎半導體製程及電晶體的發展，正走向與物理定律衝突的方向。接著我們將深入探討量子電腦的基本組件：量子位元，包含疊加、糾纏等奇特效應，以及利用邏輯閘操作量子位元。此外，量子位元的設計是個重要的課題。本章會介紹主要 IT 公司的先進雛型設計，及其優缺點等等。

我們還會談到目前量子與傳統電腦的一些對比。量子計算仍有許多待解難題，但是在未來幾年將有所改變。然而出於量子力學天生的要求，量子電腦仍有些無可避免的缺點：它們相對脆弱也容易出錯。我們還會提到一項有趣的目標，即所謂的量子霸權（quantum supremacy）。IT 巨人們在這方面的競爭很激烈，最後鹿死誰手還不得而知。另外還有個有些爭論的領域，就是量子退火與標準量子閘（本書從頭到尾採用的方法）做法的區別。

本章以通往通用量子計算的路徑做結尾，並介紹各主要廠家的各項努力。短期而言，資料中心會先採用量子計算。長期的話，未來一片光明—有大量資源將投入像是航太、醫藥、人工智慧等各項領域。這是個全球化的競爭，讓我們啟程吧。

© Vladimir Silva 2018
V. Silva, *Practical Quantum Computing for Developers*, https://doi.org/10.1007/978-1-4842-4218-6_2

電晶體與物理定律衝突

出於好奇,你看過家裡的 PC 是用什麼做的嗎?基本上它是一塊矽主機板,上面有許多電子小玩意,然後在中間有一個龐大黑色方塊,也就是 CPU。依照 PC 種類的不同,上面可能有好幾顆 CPU、圖形處理單元、音訊、網路卡、以及各式各樣的模組元件。這些零件都是由數以百萬計的電晶體—許多電子裝置的基本組件所構成。電晶體基本上是一個很微小的開關,藉由放置在開或關的位置讓電子被導通或阻隔。這種特性被用來編碼 0 或 1,也就是所有電子裝置裡面二進制語法的基礎。

　　許多電晶體組合後成為邏輯閘(參見表 2-1)。接著這些閘再組建成基本的算術函數:比如加法、減法、乘法、與除法。這些簡單的運算提供我們執行各項工作所需的能力,包括強大的科學模擬、玩遊戲、資料加密、瀏覽網頁、寫電子郵件等讀者能想得到的任何事情。

表 2-1　基本邏輯閘

種類	符號	描述	真值表		
NOT		輸入的否定	A	~A	
			0	1	
			1	0	
AND		邏輯乘積	A	B	A AND B
			0	0	0
			0	1	0
			1	0	0
			1	1	1

(接續下表)

表 2-1 （續）

種類	符號	描述	真值表		

OR — 邏輯加法

A	B	A OR B
0	0	0
0	1	1
1	0	1
1	1	1

NAND — 邏輯乘積的否定

A	B	A NAND B
0	0	1
0	1	1
1	0	1
1	1	0

NOR — 邏輯加法的否定

A	B	A NOR B
0	0	1
0	1	0
1	0	0
1	1	0

（接續下表）

表 2-1　（續）

種類	符號	描述	真值表		
XOR		互斥 OR：2-輸入 XOR 只在兩個輸入值不相同時，輸出才是 1。如果兩個輸入值相同則輸出為 0。	A	B	A XOR B
			0	0	0
			0	1	1
			1	0	1
			1	1	0

　　電晶體為社會帶來了巨大的技術進步。它們現在可是無所不在：電腦、通訊裝置、醫療設備、航太硬體等等。各種你想得到的機器可能都是由電晶體構成的，但是電晶體即將面臨無法穿越的障壁：來自於物理定律的限制，特別是量子力學。

5 奈米的電晶體：問題可大了

從 1960 年代開始，傳統電腦的能力以指數形式增長，同時也變得越來越小。今天的電腦由數以百萬計的電晶體構成，但是一旦電晶體跟原子的大小差不多時，量子力學的奇特效應就會開始突顯，情勢也變得不確定了。

　　考慮圖 2-1 和 2-2 所展示、從 1970 到 2020 年的半導體製程尺寸。從 1970 年代的 10 微米左右，到了 1980 年代晚期，尺寸已經越來越小到約 1 微米左右。更令人驚異的是，從 1990 年代開始直到現在以及未來，製程水準更深入奈米（1 奈米$=10^{-9}$ 米）尺度（圖 2-2）。這時所談的電晶體大小已經接近分子的大小。到了 2020 年之前，電晶體的大小會到 5 奈米左右。在這種尺度下，量子力學的奇特性質將開始在傳統電腦中肆虐。

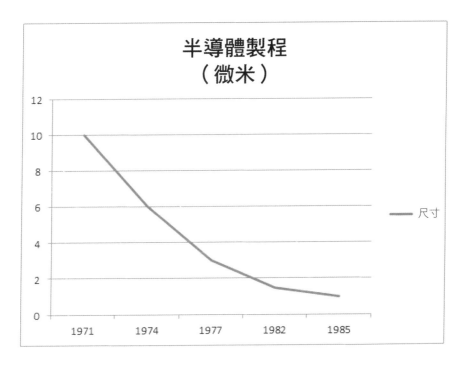

圖 2-1　從 1970 到 1980 年代的半導體尺寸

表 2-2　圖 2-1 的半導體尺寸資料

年	尺寸（微米）
1971	10
1974	6
1977	3
1982	1.5
1985	1

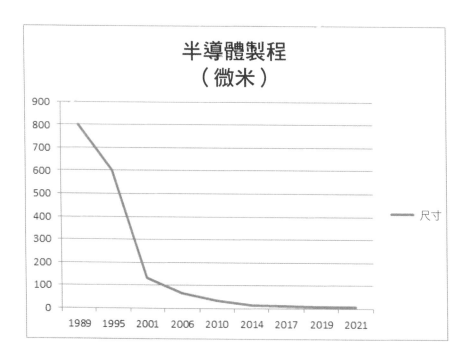

圖 2-2　1990 年代及之後的半導體尺寸

表 2-3　圖 2-2 的半導體尺寸資料

年	尺寸（奈米）
1995	600
2001	130
2010	32
2014	14
2019	7
2021	5

　　圖 2-3 顯示到 2020 年的電晶體大小（約 5 奈米）與水分子（0.275 奈米）的比較，可惜我們無法讓尺寸一直微縮下去。有個門檻會讓傳統電腦失效，也就是所謂的量子尺度。

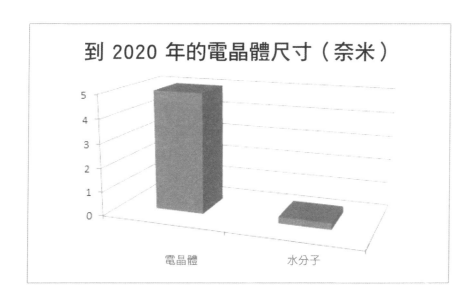

圖 2-3　電晶體與水分子大小比較

量子尺度以及電晶體的終結

可能講電晶體的終結是有點誇張，但是這裡提到的量子尺度及效應可並不誇張。物理學上的量子尺度指的是在一個孤立系統中，量子力學效應變得明顯的距離。這道奇異的界限位於 100 奈米及更小的尺度，或是在非常低的溫度下。正式地說，量子尺度是作用量及角動量開始出現量子化現象時的距離。

　　量子效應在微尺度的領域中，將串連造成微電子裝置的問題。最典型的效應是電子穿透、干涉等效應，如我們在單/雙狹縫實驗所見一樣。

電子穿透

電子穿透或稱量子穿透，是種粒子穿越障礙的現象—但此現象在古典尺度下卻不可能發生。這將對電晶體造成問題，原因如下。

　　假設有個粒子的能量是 E 嘗試要跨過最大位能為 V 的障礙物。根據古典的能量守恆定律，粒子的能量必須滿足 E>V 才能跨越障礙物。也就是說，粒子的動能必須大於最大位能 V（圖 2-4）。

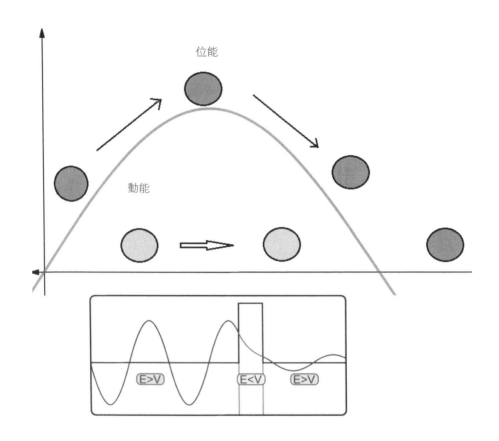

圖 2-4　實際進行的量子穿透

NOTE　電子穿透對電晶體雖具毀滅性，但一方的損失卻是另一方的獲益。這種重要特性導致了掃描穿透顯微鏡（STM）的發展，對於化學、生物、以及材料科學的研究產生深遠的影響。

　　圖 2-4 表明了古典力學及量子穿透的效應。根據量子力學，電子即使動能小於障礙物的位能，仍有一定的機率可以穿越障礙物。這是因為海森堡的測不準原理（HUP）。在前一章我們學到光子及其他粒子所具有的二元行為：既是波也是粒子。如果是波，薛丁格的波函數主宰其行為。如果是粒子，波耳描述了原子在得到或失去能量的情形下狀態的改變（量子跳躍）。測不準原理藉由引入給定時間下的位置與動量的機率概念，彌補了兩者間的差異。

當一個電子和光子接近障礙物（比如說電晶體）的時候，有一定的機率它會直接穿透障礙物。這是因為波函數形式從弦波變成指數衰減，並且波函數的解變成方程式 2-1。

$$\Psi = Ne^{-\beta x} \qquad (2\text{-}1)$$

$$P = \exp\left(-\frac{4a\Pi}{h}\sqrt{2m\left(V-E\right)}\right) \qquad (2\text{-}2)$$

其中

- ψ 是薛丁格的衰減波函數

- N 是一個正規化常數

- $\beta = \sqrt{2m\left(V-E\right)/h^2}$

- m 是粒子的質量

- V 是位能，E 是動能

- h 是普郎克常數 6.626×10^{-34} m^{2}kg/s

- a 是障礙物的厚度

依照 Engel[1] 的說法，粒子穿透障礙物的機率可以用公式 2-2 來計算。此外量子穿透的發生必須有幾個條件成立：

- 障礙物的高度必須有限，而且障礙物的厚度不能太厚。

- 障礙物的位能超過動能（E<V）。

- 粒子的波動性質暗示量子穿透只適用於奈米尺度的物體，例如電子、光子等等。

---

[1]　Engel, Thomas。量子化學與光譜學。Upper Saddle River, NJ. Pearson, 2006 印行。

我們來找點樂子，計算一下目前半導體製程中，各種不同障礙物尺寸下的量子穿透機率。接下來幾節有幾個練習題，讓讀者詳細了解整個計算的過程。

練習一

在公式 2-2 利用最擅長的工具（例如 Excel 試算表）來計算電子的量子穿透機率。同時假設一些數值如下：

- 電子的動能是 4.5 eV

- 長方形障礙物的位能是 V=5 eV。記得如果量子穿透要能發生，動能得小於位能 E < V。

- 利用前面提過的量子尺度下半導體製程的障礙物大小來計算。所以在 2000 年以後，這個尺寸將小於 100 奈米（利用前節的表 2-2 及 2-3）。

- 普郎克常數是 6.626×10^{-34}，另外電子的質量是 $m = 9.1 \times 10^{-31} kg$。

TIP eV 是電子伏特，也是量子力學的基本能量單位。$1eV = 1.6 \times 10^{-19}$ 焦耳（J）。在計算機率的時候，此值在單位轉換的時候用得到。

解答一

利用 Excel 試算表還有原始碼所附的表格及公式，便能輕易地把值計算出來。在 Excel 的一個儲存格裡敲入公式 2-2，且記得要把 V-E 這個部分乘以 1.6×10^{-19} J/eV。所以 Excel 裡面的公式 2-2 會變成

EXP(((−4*D5*3.14)/(6.626E−34)) * SQRT(2 * (9.1E−31) * (5 − 4.5) * (1.6E−19)))

上面公式的 D5 儲存格存放障礙物的大小，其他則是一些常數：$\pi = 3.14$，$h = 6.626e^{-34}$，$m = 9.1^{-31}$，$1 eV = 1.6 \times 10^{19}$ J。公式搞定後，再建造一個新表格，裡面有製造年份、及以奈米為單位的障礙物大小（從表 2-2 及 2-3）。最後複製公式，讓它套用到所有年份及各種障礙物大小（參見表 2-4）。

表 2-4 半導體製程的電子穿透機率

年份	障礙物大小（米）	機率
1989	0.0000008	0
2001	1.30E-07	0
2006	0.000000065	6.5829E-205
2010	0.000000032	3.0188E-101
2014	0.000000014	1.053E-44
2017	1.00E-08	3.86767E-32
2019	7.00E-09	1.02616E-22
2021	5.00E-09	1.96664E-16
Beyond	5E-10	0.026876484

從這些資料可以得到什麼結論？

- 機率很低，就算是 2021 年將問世的 5 奈米製程（1.9e-16）也是一樣。如果看的是百分比的話，記得要把值乘上 100。

- 如果障礙物小到 500 皮米（pm）左右，情況就有點讓人擔憂了。機率變成 0.0268，也就是電子穿透障礙物的比例有 2.68%。例如如果傳送編碼後的訊息，有 2.68% 的位元會不見！這可不妙了。

TIP　1 皮米是 1 奈米的千分之一，或是 $10e^{-12}$ 米。

練習二

用習慣的程式語言，寫一個小程式來計算前一個練習的機率值。驗證兩邊的結果相同，並將結果顯示在標準輸出上（如下個段落所示）。

```
Quantum tunnelling probabilities for current semiconductor processes.
2001    1.30e-07    0.000e+00
2010    3.20e-08    2.684e-101
2014    1.40e-08    1.000e-44
2019    7.00e-09    1.000e-22
2021    5.00e-09    1.931e-16
Beyond  5.00e-10    2.683e-02
```

解答二

列表 2-1 是個小型的 Java 程式，用來計算前個練習裡，不同年份及製程尺寸的量子穿透機率。

列表 2-1　計算西元 2000 年後半導體製程之量子穿透機率的 Java 程式

```java
public class Quantum Tunnelling {

    /** 普朗克常數 */
    static final double K_PLANK = 6.626e-34;

    /** 電子質量 (kg) */
    static final double K_ELECTRON_MASS = 9.1e-31;

    /** 電子伏特 */

    static final double K_EV = 1.6e-19;

    /**
     * Engel 量子穿透機率
     *
     * @param size
     *              障礙尺寸（米）
     * @param E
     *              動能（eV）
     * @param V
     *              位能（eV）.
     * @傳回量子穿透機率
     */
```

```java
static double EngelProbability(double size, double E, double V) {
    if (E > V) {
        throw new IllegalArgumentException
            ("Potential energy (V) must be > Kinetic Energy (E)");
    }
    double delta = V - E;
    double p1 = ((-4 * size * Math.PI) / K_PLANK);
    double p2 = Math.sqrt(2 * K_ELECTRON_MASS * delta * K_EV);
    return Math.exp(p1 * p2);
}

/** 目前半導體製程的簡單測試 */
public static void main(String[] args) {
    try {
        // 目前半導體製程的障礙尺寸（米）
        final double[] SIZES = { 130e-9, 32e-9, 14e-9, 7e-9, 5e-9,
        500e-12 };

        // 顯示用的日期
        final String[] DATES = { "2001", "2010", "2014", "2019",
        "2021", "Beyond" };

        final double E = 4.5; // 電子動能（eV）
        final double V = 5.0; // 位能（eV）

        // 進行顯示…
        for (int i = 0; i < DATES.length; i++) {
            double p = EngelProbability(SIZES[i], E, V);

            System.out.println(String.format("%s\t%2.2e\t%2.3e",
            DATES[i], SIZES[i], p));
        }
    } catch (Exception e) {
        e.printStackTrace();
    }
}
}
```

列表 2-1 定義了有三個引數的 EngelProbability 函數：以米為單位的障礙物尺寸、以 eV 為單位的粒子動能（E）、以 eV 為單位的位能（V）。它利用公式 2-1 計算，再傳回機率值。主程式只是個簡單迴圈，迭代處理存放於陣列中不同年份的製程資料： String[] DATES = { "2001", "2010", "2014", "2019", "2021", "Beyond"}，對應的製程尺寸是： double[] SIZES = { 130e-9, 32e-9, 14e-9, 7e-9, 5e-9, 500e-12}。最後資料以表格表示，傳送至標準輸出。

練習三

將練習一、二的資料畫成圖，使我們對這些練習有更清楚的了解。最後從目前的半導體製程，請勇敢地預測電晶體會消失在哪一年？

解答三

計算統計值的時候，試算表是很棒的工具。之前的資料一下子就能畫成一張蠻酷的線圖（圖 2-5）。

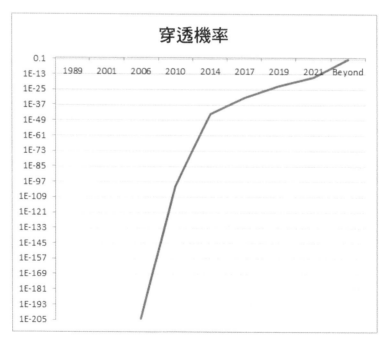

圖 2-5　不同半導體製程下的量子穿透機率

現在談到大結局了─電晶體的消失會發生在西元⋯。我對預測哪一年這件事感到懷疑，因為從量子力學學到的是所有事情都有不確定性。假設在目前的製程下，1%的穿透機率是不能接受的，那麼上面的資料顯示在 2025 年左右、當障礙物大小介於 1 奈米與 500 皮米之間，電晶體及所有電腦便無法使用。不過我猜到時候電晶體會演變成別的形式，有可能是由有機或更奇怪的材料構成。然而為了保險起見，現在學習寫量子電腦程式正是時候。

接下來來看另一個給電晶體帶來麻煩的量子效應：也就是基本狹縫實驗所展現的位置或動量的不確定性。

狹縫實驗

這些實驗幾十年前就進行過，其設計目的基本上是用來展現奇妙的量子力學世界。實驗的方式有很多種，單狹縫、雙狹縫等等。在單狹縫實驗，雷射光穿越一個寬度只有幾英吋的垂直狹縫，再投射到一個平面。狹縫的寬度可隨需要縮減，如預期地我們會在平面上看到一個投影點。如果此時把狹縫的寬度減少，投射點也會越來越窄，這也跟我們的預期一致。但等會兒─當狹縫的寬度減少到只有百分之一英吋時，事情就完全亂了套。投影點不但沒有變得更窄，反而擴展形成似一條寬的水平線，這跟直覺完全不符。

TIP 這個實驗更詳細的圖形描述請參見第 1 章。

狹縫實驗對電晶體來說很重要，因其展示量子力學在微小尺度下的奇特效應。總之，牛頓力學及時空的相對性原理在這樣的尺度下並不成立，也使得電晶體遇到麻煩。

電晶體的可能未來

可能我對電晶體消失的結論下得太快了。事實上，一直有人在尋找可能的替代方案（量子計算以外）。目前有一些應對此課題的有趣專案：

- 分子電子學：這個領域有些令人興奮的進展。它嘗試利用分子組件製造電子元件，以延伸小尺寸矽基積體電路的極限。這是一個跨領域的研究，牽涉到物理、化學、以及材料科學。

- 有機電子學：這個詞聽起來不但吸引人，而且很像來自於科幻小說。它屬於材料科學的一個領域，牽涉到擁有我們所需特性（如導電性）之有機分子或聚合物的設計與應用。想像看看電晶體被碳這樣的有機材料所組成—雖然不能算是活的機器，但是也接近了。

費曼與量子電腦

利用量子特性打造計算系統的想法，始於諾貝爾物理獎得主費曼。在 1982 年，他提出利用量子力學效應好處打造「量子電腦」的想法[2]。從那時開始，大部分時間下人們對量子計算的興趣主要是在理論層面，但事情即將發生變化。在 1995 年，Peter Shor 在他著名的論文「在量子電腦上進行質因數分解、及離散對數的多項式時間演算法」[3] 提出了在量子電腦上執行大質因數分解的演算法，從此開始了打造實際可用之量子電腦的競賽。因為在數學上證明了此項演算法的時間複雜度（大「O」或執行時間），要比最快的古典計算方法「數域篩選法」快上許多。

---

[2]　量子計算，作者是 David Deutsch，發表在 Physics World、1/6/92。這是一份關於量子計算既完整又具啟發性的引導文章。

[3]　Peter W. Shor。在量子電腦上進行質因數分解、及離散對數的多項式時間演算法。全文見 https://arxiv.org/abs/quant-ph/9508027。

　　Shor 演算法本身的重要性極其深刻。圖 2-6 展示數域篩選法與 Shor 演算法的時間複雜度對比。

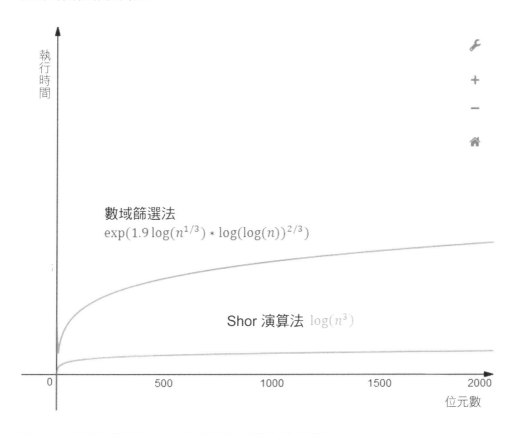

圖 2-6　數域篩選法與 Shor 演算法的時間複雜度對比

　　數學上預估 Shor 演算法能在幾秒內，分解一個迄今最大數字之一的 232 位數（RSA-232）。所以實際上能執行 Shor 演算法的量子電腦，將使得目前的非對稱密碼學失效。非對稱密碼學目前可是無所不在：比如銀行用來加密資料及帳號、瀏覽器、通信、及其他人們想得出來的服務等等。

　　不過還不用緊張到衝進銀行，把錢全部領出來藏在床底下—要讓此演算法實際可用還得花上數十年。後面章節會對此迷人的演算法仔細探討。

再回到費曼及他提出的量子電腦。傳統電腦的基本單元是位元（0 或 1），但費曼電腦的基本單元是量子位元（qubit）—跟它背後憑藉的理論一樣怪異。

奇異又美妙的量子位元

跟傳統位元一樣，量子位元可以是 0 或 1。物理上來說，量子位元可用任何擁有兩個準位的量子系統來代表，例如：

- 磁場下的粒子自旋，向上代表 0，向下代表 1。

- 單一光子的極化，其中水平極化代表 1，垂直極化代表 0。所以從光也可以製造出量子電腦，蠻奇妙的。

上面兩種情況下，0 與 1 只是可能出現的狀態。幾何上可利用以瑞士物理學家 Felix Bloch 命名的布洛赫（Bloch）球面（圖 2-7）作為工具，來視覺化量子位元。

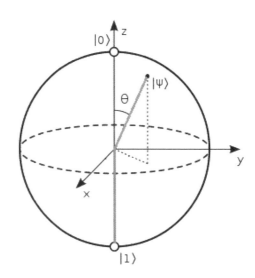

圖 2-7 利用布洛赫球面的量子態幾何表示

形式上而言，布洛赫球面是一個純粹的二值量子系統狀態、或量子位元，在 3 維希伯特（Hilbert）空間的幾何表示法。球面的北極及南極分別代表標

準基底向量 $|0\rangle$ 及 $|1\rangle$，並依序對應到電子自旋的向上或向下。除了這些基本向量之外，球面的其他部分也可有其他向量存在，這就是所謂的兩個基底向量的疊加，本質上也表示 0 或 1 的機率。這裡的巧妙之處在於我們無法預測其位於球面的何處，只有在觀察時經由機率的塌陷而得到一個確定的狀態。

狀態的疊加

假設投擲一枚硬幣，落下後不但可以是正面或反面，還可能同時既正面又反面─這樣的硬幣更有威力。但問題是：一旦對此量子硬幣進行觀察，它便被強迫成為正面或反面，我們無法知道其在觀察之前的狀態。這是為何在測量量子位元時，必須小心的原因。因為一旦被觀察，其狀態就會改變。總之，**疊加現象**改變了遊戲規則。這裡來探討一下原因：

- 一個位元的傳統電腦可儲存或處於兩個狀態的其中一個：0 或 1，但是一個量子位元的量子電腦可同時儲存或處於兩個狀態，也就是 $2^1=2$。

- 兩個位元的傳統電腦只可以是四種可能組合的其中之一，但是擁有兩個量子位元的量子電腦卻能同時儲存 4 種可能值。

假設不管是哪個系統都以位元組（8 個位元）為儲存資訊的基本單元，那麼量子電腦可以同時儲存的值就有 2^n 個，其中 n 是量子位元的數目。如果跟傳統電腦的儲存容量相比較（表 2-5），便立刻能了解為何量子位元有如此強大的威力。

表 2-5　量子位元的同時儲存容量

位元/量子位元	傳統儲存（位元組）	量子儲存（位元）	量子儲存（位元組）
4	1	16	2
8	1	256	32
32	4	4294967296	536870912
64	8	1.84467E+19	2.30584E+18

　　因為量子電腦能同時儲存的資料量是如此驚人，導致新名詞「量子霸權」（*quantum supremacy*）的誕生—它指的是：當量子電腦發展到得以解決所有傳統電腦無法解決之問題的時間點。本章稍後對此主題會再做更多的探討，現在讓我們先來看量子位元的另個奇妙特性：糾纏（entanglement）。

糾纏：觀察某個量子位元來揭露其夥伴位元的資訊

很久以前，愛因斯坦把糾纏稱為*鬼魅似的遠距作用*。不管你相不相信，法國物理學家 Alain Aspect 在 1982 年就以實驗證明了糾纏現象的存在。他展示兩個具相關性的質點之一所發生的效應，可以用比光速更快的速度來傳播。

TIP　　諷刺且令人惋惜的是，人類無法利用糾纏，以快於光速的速度傳送訊息，因為資訊無法達到這樣的速度。這種對立的情況及 Aspect 的實驗，已在第 1 章有較為詳細的解釋。

　　如果有一組糾纏的量子位元，那麼其中某個位元的變化，會立刻反應到其他位元，不管它們之間的物理距離有多遙遠—例如在銀河系的兩端—即使讓人很難相信。這種特性很有用，如果我們測量一個量子位元的特性，無須透過多餘的觀察，便可推論其夥伴位元的特性。此外，糾纏的測量也無須透過稱為*量子層析*（*quantum tomography*）的程序。量子層析嘗試決定被測量前之糾纏集合的狀態，其方法乃藉由多次測量從同一來源產生的系統。也就是說，它透過測量來計算系統各種可能狀態的機率。

NOTE　　多量子位元糾纏代表往前實現大型量子計算的一步，也是正被密集研究的一個領域。目前中國的物理學家在超導體電路上，已實驗展示 10 個量子位元的量子糾纏[4]。

---

[4]　　Chao Song 等作者，「利用超導電路的 10 量子位元糾纏及平行邏輯運算」。Physical Review Letters。DOI: 10.1103/PhysRevLett.119.180511。

　　糾纏是量子位元操控的一個面向，還有另一個令人費解的特色則是利用量子閘，以進行量子位元的操控。

使用量子閘來操控量子位元

閘是量子電腦的基本組件。就像傳統電腦的閘，其作用在一組輸入以產生另外一組輸出。但是跟傳統不一樣的地方是，量子閘同時作用在量子位元的所有可能狀態。所以它們不但很酷，也很怪異。組成量子電腦的基本閘有：

測量閘

我們知道測量和觀察的行為會改變量子位元的狀態，這道程序也可被視為是閘的作用—把處於疊加態的量子位元作為輸入，然後輸出 0 或 1。此外輸出並非隨機，因為其為 0 或 1 的機率跟量子位元之原始狀態有關（圖 2-8）。

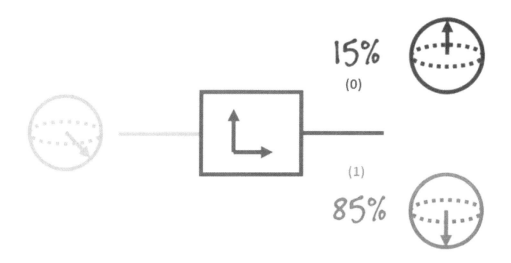

圖 2-8　測量閘及其輸出機率

　　注意測量閘應置放在量子電路的最後面，因為量子力學告訴我們，在計算途中觀察量子位元將使其波函數塌陷，使得因為疊加態而擁有的計算平行度被破壞。

互換閘

互換閘的輸入為兩個量子位元，然後將此兩位元之狀態互換（圖 2-9）。

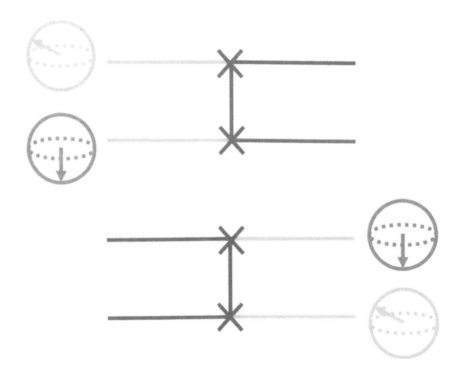

圖 2-9　實際作用中的互換閘

泡利 X 閘

泡利（Pauli）閘是傳統非（NOT）閘的量子版本。形式上而言，它將量子位元在 X 軸上轉了 180 度。注意在圖 2-10 的布洛赫球面上，X 軸指向離開螢幕的方向。

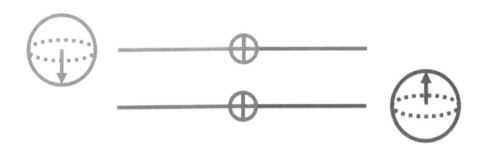

圖 2-10　泡利 X 閘

TIP　泡利閘是以量子物理其中一個創建者、奧地利出生的泡利（Wolfgang Ernst Pauli）來命名。1945 年，他因為發展了不相容或泡利原理而得到諾貝爾物理獎。該原理指明，兩個電子不能處於同樣的量子態[5]。他被愛因斯坦高度讚譽，也是量子力學巨擘波耳及海森堡的密友。

---

[5]　諾貝爾獎得主演講：「不相容原理及量子力學」是泡利對不相容原理發展過程的自述。全文見 www.nobelprize.org/nobel_prizes/physics/laureates/1945/pauli-lecture.html

旋轉閘：Y、Z

泡利 Y 、Z 閘乃分別針對 Y 軸、Z 軸的旋轉閘。

- 泡利 Y 閘作用在單一量子位元，其作用是針對布洛赫球面的 Y 軸旋轉 180 度。它把 |0⟩ 映射成 i|1⟩，把 |1⟩ 映射成 -i|0⟩。

- 泡利 Z 閘作用在單一量子位元，其作用是針對布洛赫球面的 Z 軸旋轉 180 度。基底態 |0⟩ 在此操作下不會改變，|1⟩ 則會變成 -|1⟩。

Hadamard 閘（H）

Hadamard 閘作用在單一量子位元，其作用相當於兩個旋轉運算的組合：

1. 繞 X 軸旋轉 180 度

2. 繞 Y 軸旋轉 90 度

　　Hadamard 閘是 Hadamard 矩陣的量子版本。該方陣矩陣之元素只能是 +1 或-1，且列與列之間互相正交。

$$H = \frac{1}{\sqrt{2}}\begin{bmatrix} 1 & 1 \\ 1 & -1 \end{bmatrix}$$

TIP Hadamard 轉換在資料加密及許多信號處理、資料壓縮演算法上很有用。

受控（cX cY cZ）閘

受控閘作用在 2 或多個量子位元，且其中的一或多個量子位元用來作為一些運算的控制位元。例如受控非閘（CNOT 或 cX）作用在兩個量子位元，且只在第一個位元是 |1⟩ 的情況下，才對第二個位元進行非運算，否則第二個位元便保持不變。

Toffoli（CCNOT）閘

此閘作用在三個量子位元，如果前兩位元處於狀態 |1⟩，則對第三位元進行泡利 X（或者非）運算，否則便不做任何處理。它把 |a,b,c⟩ 映射到 |a,b,c+ab>。

表 2-6 的量子閘是量子電路的基本組件，就好像表 2-1 的傳統邏輯閘在傳統數位電路上的角色一樣。

表 2-6　基本量子閘

閘名	符號	運作細節
測量		以處於疊加態的單一量子位元為輸入，再輸出 0 或 1。
X（NOT）		在 X 軸上將量子位元旋轉 180 度。將 |0⟩ 映射到 |1⟩、|1⟩ 映射到 |0⟩。
Y		將量子位元針對布洛赫球面的 Y 軸旋轉 180 度，可以用下面的泡利矩陣來表示：$$Y = \begin{bmatrix} 0 & -i \\ -i & 0 \end{bmatrix}$$ 其中 i 是虛數單位 $\sqrt{-1}$。

（接續下表）

表 2-6　（續）

閘名	符號	運作細節
Z	$\boxed{Z}$	將量子位元針對布洛赫球面的 Z 軸旋轉 180 度，可以用下面的泡利矩陣來表示：$$Z=\begin{bmatrix} 1 & 0 \\ 0 & -1 \end{bmatrix}$$
Hadamard	$\boxed{H}$	針對 $(X+Z)/\sqrt{2}$ 軸旋轉 180 度。也就是說，它能把 $\|0\rangle$ 映射到 $(\|0\rangle+\|1\rangle)/\sqrt{2}$，$\|1\rangle$ 映射到 $(\|0\rangle-\|1\rangle)/\sqrt{2}$。
互換（S）	✕	相對於基底 $\|00\rangle$、$\|01\rangle$、$\|10\rangle$、$\|11\rangle$，將兩個量子位元的狀態互換，可用以下矩陣表示：$$S=\begin{bmatrix} 1 & 0 & 0 & 0 \\ 0 & 0 & 1 & 0 \\ 0 & 1 & 0 & 0 \\ 0 & 0 & 0 & 1 \end{bmatrix}$$
受控（cX cY cZ）	$\boxed{X}$ $\boxed{Y}$ $\boxed{Z}$	作用在 2 或多個量子位元，且其中的一或多個量子位元用來作為一些運算的控制位元。一般形式如以下矩陣所示：$$C(U)=\begin{bmatrix} 1 & 0 & 0 & 0 \\ 0 & 1 & 0 & 0 \\ 0 & 0 & u_{00} & u_{01} \\ 0 & 0 & u_{10} & u_{11} \end{bmatrix}$$ 其中 U 是三種泡利矩陣（σ_x、σ_y、σ_z）之一。

（接續下表）

表 2-6 （續）

閘名	符號	運作細節
Toffoli（CCNOT）		這是種可逆閘，也就是輸出能從輸入重建（狀態的轉移並未增加熵）。它的輸入及輸出都是 3 位元，如果前兩個位元設定成 1，第三位元會被反轉；否則所有位元便都保持不變。 可逆閘很重要，因其耗散的熱量較少。當邏輯閘處理輸入時，會有資訊遺失—因為輸出端的資訊較少，資訊遺失會以熱的方式將能量耗散至周遭環境。在量子計算中，Toffoli 閘很重要—因為量子力學要求轉換必須是可逆的，並且與傳統電腦比起來，量子力學允許更一般性的計算狀態（疊加態）存在。

所以量子閘可處理疊加態的輸入、機率值的旋轉，最後產生另一個疊加態作為輸出。物理上量子位元建構的方式有許多種，各家科技公司採行的方向不太一樣，但每一種設計都有它的優缺點。這裡讓我們來檢視一番。

量子位元之設計

談到量子位元設計，只有口袋夠深的公司才有辦法加入打造實用量子電腦的競賽。由於量子力學的怪異及複雜度，這可不是件容易的事。在科學雜誌[6] 的一篇文章，作者 Gabriel Popkin 描述了這些科技巨人的一些努力，似乎他們的設計都不太一樣。目前鹿死誰手還不好說，但是比賽仍在進行。依照 Popkin 的講法，最常見的量子位元型態如下：

---

[6] 「科學家已接近打造出強過傳統電腦的量子電腦」。全文見 http://www.sciencemag.org/news/2016/12/scientists-are-close-building-quantum-computer-can-beat-conventional-one。

超導環

當電流流經導體，有些能量會以光和熱的方式損耗，這就是電阻，而且跟材料種類有關。有些金屬，像銅和金是良好的導電體，因此電阻很低。科學家發現，物質的溫度越低，導電性就越好。也就是溫度越低電阻就越小，但是不管銅和金的溫度有多低，它們還是有一定大小的電阻存在。

水銀就不同了。在 1911 年，科學家發現如果把水銀冷卻到 4.2 度 K（絕對零度之上），它的電阻變成 0。這個實驗導致超導體的發現，也就是在很低的溫度下電阻為零的材料。從那時候開始，還找到了許多其他的超導體材料：鋁、鎵、鈮等等，它們會在臨界溫度時展現零電阻的特性。超導體最棒的是電流不會有任何損耗，所以理論上封閉環裡面的電流可以永久地一直流動。

TIP　　當科學家能讓電流在超導環上持續流動好幾年，就等於是在實驗上證明了這項原理。

在由超導環製成的量子位元中，有一股電流會在環內來回振盪。經由微波的注入，就能把電流激發到一個疊加態（圖 2-11）。接著我們來探討這種設計的優缺點。

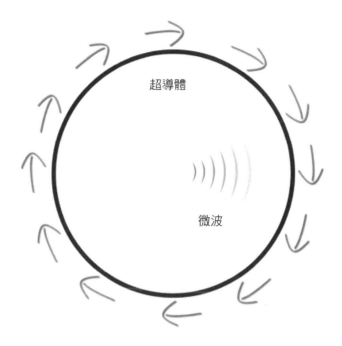

圖 2-11　超導環量子位元

優點：

- 錯誤率低（邏輯成功率約為 99.4%）。

- 快速，利用現有材料打造。

- 能製備還不錯的糾纏量子位元數（9），用來執行 2 量子位元的運算。

缺點：

- 壽命短，只有 0.00005 秒，這也是疊加態能夠維持的最小時間。

- 必須保持在很低的溫度下（超冷的 -271⁰C）。

本書程式碼的基礎—IBM 的雲端平台 Q Experience 便採用這樣的設計。Google 跟另一家嘗試利用超導體來建造實用量子電腦的私有新創公司 Quantum Circuits（QCI），也使用這樣的設計。

陷獲離子

離子阱（ion trap）是控制量子位元之量子態的一種技巧，它利用電場及磁場的組合來捕捉與外界隔離之系統的帶電質點（離子）。雷射被用來耦合單一運算中的量子位元狀態，或是用來耦合糾纏的內部及外部移動狀態。

　　離子阱嘗試利用不同規模的離子阱陣列，以實現大型通用量子計算的夢想。這項技巧也能透過光子連接的遠端糾纏離子鏈網路、或組合這兩種做法，打造出大型的糾纏態（圖 2-12）。

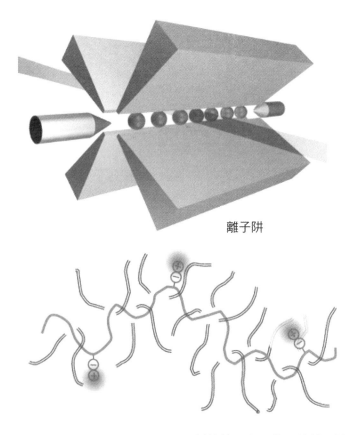

離子阱

糾纏的 3-量子位元的離子鏈

圖 2-12　用以實現大型量子計算的離子阱及鏈

接下來討論陷獲離子的優缺點。優點：

- 壽命長。專家宣稱陷獲離子可保持糾纏態長達 1000 秒，跟超導環比起來（0.00005 秒）差距甚大。

- 比超導體的成功率（99.4%）還要高（99.9%），雖然差距不大，但還是比較高。

- 能產生迄今為止最多（14）的糾纏量子位元數目，用來執行 2 量子位元的運算。

缺點：

- 操作速度比較慢，需要許多雷射。

目前這方面的領頭羊是位於美國馬里蘭的 IonQ 公司。

矽量子點

PC CPU 的巨擘 Intel 領先採用這項設計。在矽量子點，電子在垂直方向受限制而處於量子砷化鎵（GaAs）井的基態，因而形成了一個二維的電子氣（2DEG）。2DEG 在兩個維度上可自由移動，但在第三個維度卻被緊密地限制（圖 2-13）。在第三維度所受的限制導致了此方向移動能階的量子化，而這正是量子結構中讓人很感興趣的部分。

TIP 目前 2DEG 能在半導體製作的電晶體上存在。它們有一些量子效應，例如在低溫、強磁場中，二維電子導電度將呈現量子化的霍爾效應。

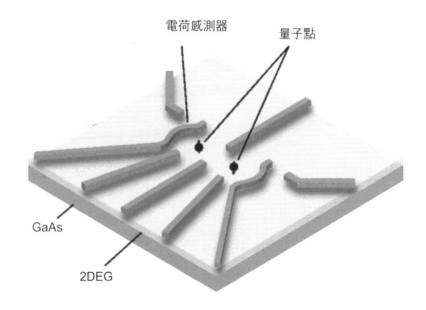

圖 2-13　以砷化鎵製備的量子點

矽量子點的優缺點如下。優點：

- 穩定，而且以現有的半導體材料打造。

- 壽命比超導環長（0.03 秒）。

缺點：

- 能執行 2 量子位元運算的糾纏量子位元之數目較低（2）。

- 雖然比超導環和陷獲離子的成功率低，但還算高（99%）。

拓撲量子位元

拓撲量子位元嘗試消除量子電腦的誤差水平。誤差來自於量子力學的機率本質，而且常常得以糾纏態的壽命或延續時間來描述。拓撲量子位元利用被稱為任意子（anyon）的二維準粒子（quasiparticle），而這些粒子的路徑彼此交錯使其在三維時空形成辮子。這些辮子便成為組成電腦的邏輯閘。

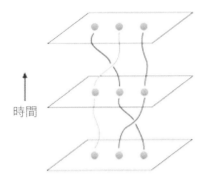

時間

圖 2-14　以辮子作為邏輯閘的拓撲量子位元

優點：

* 穩定，沒有誤差（與壽命長短無關）

缺點：

* 雖然有實驗顯示可用砷化鎵半導體、在接近絕對零度及強磁場的情況下製備這些元素，但目前還只是純理論而已

微軟及貝爾實驗室是採取此類設計的公司之一。

鑽石空缺

鑽石空缺指的是在鑽石的晶體結構中，本該有個碳原子的地方卻沒有碳原子。鑽石空缺嘗試利用鑽石材料裡面的奈米尺度原子缺陷，來做為量子位元使用。藉由原子力顯微鏡的觀察，人們發現天然鑽石的表面有許多種缺陷。這種缺陷或空缺、再加上一個氮原子，便能讓鑽石晶格多了一個電子。此電子的量子自旋可以用雷射來控制（圖 2-15）。

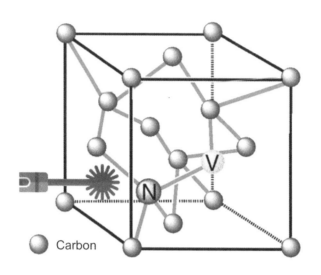

圖 2-15　鑽石空缺量子位元

　　依照 MIT 電機及電腦學院 Dirk Englund 及同僚的說法，鑽石空缺以簡單的方法解決了從量子位元讀取資訊的老問題。鑽石是天生的發光體，因此鑽石空缺發出的光粒子能保留疊加態，使其能在量子計算裝置間移動資訊。最棒的是，它在室溫下運作，無須冷卻到零下 272 度！

　　不過 Englund 表示鑽石空缺有個缺點，就是鑽石表面只有 2% 的空缺存在。但是有研究者正發展某些利用電子束衝撞鑽石，以產生更多空缺的製程。

　　優點：

- 10 秒的高壽命。

- 99.2% 的高成功率。

- 數目還行的糾纏量子位元數（6），用來執行 2 量子位元的運算。

- 最棒的是，量子位元於室溫下運作！

缺點：

- 表面材料只有 2% 的空缺，數目不大。

- 糾纏態不易製備。

總而言之，量子電腦從費曼開始迄今，在許多大公司的投入下已有長足的進步。目前超導環的進展比較快，但仍然有各種令人驚嘆的新設計，比如像是鑽石空缺等，嘗試要去實現大規模量子計算的夢想。

量子電腦與傳統硬體

在某些任務上，量子電腦強過傳統硬體。表 2-7 列出兩種硬體在兩個任務下的時間複雜度。

表 2-7　量子與傳統硬體在特定任務下的時間複雜度

任務	量子	時間 複雜度	傳統	時間複雜度
搜尋	Grover 演算法	$\sqrt{n}$	快速搜尋	n/2
大數質因數 分解	Shor 演算法	$\log(n^3)$	數域篩選法	$\exp\left(1.9\log\left(n^{\frac{1}{3}}\right)*\log\left(\log\left(n\right)\right)^{\frac{2}{3}}\right)$

以搜尋來說，Grover 演算法效能強過傳統搜尋，所以對像 Google、MS、Yahoo 這類公司的資料中心影響很大—想像看看網路搜索由雲端的量子處理器加持的那一天。雖然我們離那一天還遠，但這是大型科技公司重押發展自己的量子平台的原因之一。

另一個任務、也就是大數質因數分解，可能是量子計算得到加速發展的主要原因。當 Peter Shor 提出量子質因數分解演算法的時候，就相當於把今日社會基礎的密碼安全敲了一個大洞。Shor 演算法能快速分解大整數，所以對目前的加密系統造成威脅。這些大整數被用來產生密鑰，以對網站資訊、銀行帳戶、商業交易、閒談、貓的影片，或任何讀者想得到的東西，進行編碼。Shor 演算法快到可在幾分鐘內，便將目前已知的最大整數分解。相較於現今最快的數域篩選法，要處理這些數字可得花上數十億年。

　　除了搜尋及密碼學，量子電腦在模擬、分子建模、人工智慧、神經網路等等都是無價的工具。讓我們來檢視它是如何派上用場的。

複雜模擬

物理學家都同意，原子層級的模擬是量子機器擅長的領域。兩者可說是絕配，畢竟，圍繞原子所打造的機器在模擬量子力學系統方面，可比傳統電腦更加準確。人們估算過，只要幾十量子位元的量子電腦，便能完成在傳統電腦上長到令人無法接受的模擬。例如以英國物理學家命名、描繪電子在晶體內移動的 Hubbard 模型，便可用量子電腦模擬[7]。Hubbard 說過，這是一項傳統電腦無法承擔的任務。

分子建模以及新材料

依據科學雜誌（*Science Magazine*）的一篇文章，熱拿亞義大利技術學院的理論化學家利用量子電腦，打造了氫化鈹[8]（兩個氫、一個鈹原子的小化合物）的分子模型。即使以今日傳統電腦的標準來看似乎也不算什麼，但卻是未來充滿希望之新藥研發的敲門磚。

　　分子建模是量子機器應用的全新場域，因為物理及化學家時不時得模擬原分子的行為。數學家會說大部分模擬需要非常大的計算能力，特別是這種隨粒子數目增加、將導致複雜度指數倍增的分子交互作用模擬。再加上量子

---

[7]　Hubbard, J.(1963)。「窄能帶的電子相關性」。Proceedings of the Royal Society of London，276 (1365): 238 - 257。Bibcode:1963RSPSA.276..238H。doi:10.1098/rspa. 1963.0204。JSTOR 2414761。

[8]　「量子電腦迄今所模擬的最大分子」，作者 Gabriel Popkin，09/13/2017。原文在此處：https://www.sciencemag.org/news/2017/09/quantum-computer-simulates-largest-molecule-yet-sparking-hope-future-drug-discoveries。

力學的奇怪定律,要計算電子在分子裡的分布可是更加困難。表 2-8 顯示此領域現有的一些實驗。

表 2-8　分子建模方面的量子實驗

年度	公司	實驗
2016	Google	加州威尼斯量子計算實驗室的研究員,利用 3 量子位元計算氫分子的最低能量電子分布。
2017	IBM	IBM 發展一個互動演算法,來計算特定分子的基態。科學家使用最多 6 個超導量子位元來分析氫、氫化鋰、氫化鈹。作法是將每種分子的電子分佈編碼進量子電腦,接著透過測量並利用傳統電腦編碼,讓分子微調進入基態。

　　總之,分子建模的起步雖不太引人注目,但是對化學及製藥公司來說,未來仍一片光明。分子模擬將可能成為量子計算的一個殺手級應用。

複雜的深度學習

談到深度學習,傳統問題主要被分成三類:模擬、最佳化,以及取樣。前面已經提及量子電腦在模擬上的長處,特別是在分子及原子層次。那麼最佳化呢?有些最佳化問題在傳統電腦上無法解決,因為解問題時互相影響的變數數目太多。這些問題的例子有蛋白質的折疊、太空船的飛行模擬等等。利用稱為隨機梯度下降的技巧,量子電腦能有效地處理最佳化問題—這是從大量的可能解當中找出最佳解的技巧,相當於在一片山谷中尋找景觀的最低點。

TIP　　事實上有一家名為 D-Wave 的加拿大公司，已利用隨機梯度下降、及其他技巧開始販賣專門處理最佳化問題的商用量子電腦。他們的客戶包括國防承包商 Lockheed Martin 及 Google。

　　量子取樣問題是從機率分佈中，採取樣本的計算問題。有兩類取樣問題可以展現量子演算法的威力：一個是玻色子的取樣，另一個是瞬間量子多項式時間取樣。在量子光學上面，已經有好幾個這兩類技巧的小型實作。

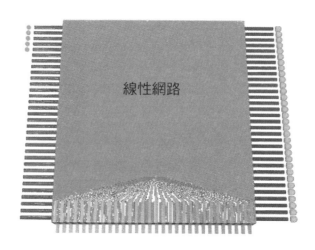

　　線性網路

圖 2-16　玻色子取樣問題之示意圖

　　圖 2-16 展示一個 32 模式實例的玻色子取樣問題示意圖。5 個光子從左邊注入下面有個散射矩陣的線性網路，再從右邊以福克（Fock）基底函數來偵測所有的輸出。根據自然雜誌「量子資訊」單元裡的一篇文章，此問題無法用傳統電腦解決。就算是一個中型規模系統的問題，例如 2500 個路徑中的 50 個玻色子也無法處理。甚至連更小的系統（20 個玻色子、400 個路徑）也找不到可用的傳統算法來執行這項模擬[9]。

---

[9]　A. P. Lund, Michael J. Bremner and T. C. Ralph。「量子取樣問題—玻色子取樣及量子霸權」。全文見 www.nature.com/articles/s41534-017-0018-2。

量子取樣問題提供一個從實驗驗證量子演算法之優越性或霸權的途徑，但目前的進展還不多。目前的高等運算研究中，神經網路被視為皇冠上的寶石，而深度學習及人工智慧則是關係極其密切的兩個領域。

量子神經網路（QNN）及人工智慧（AI）

目前量子神經網路比較像科幻小說，而不是科學事實，但是它的理論基礎在1990 年代就已建立，現今人們正廣泛地從各個方向進行研究：

- 利用量子資訊處理來改進現有的神經網路模型[10]：目標是用更快、更有效的演算法來強化現有模型，這是量子計算能發光發熱的領域。研究的動機來自於訓練傳統神經網路所遭遇的困難，特別是在大數據應用。希望量子計算的一些特性，例如平行度、或干涉及糾纏等效應，能拿來作為資源使用。

- 大腦潛在的量子效應[11]：這項研究結合量子物理與神經科學，其辯論之激烈已跨出科學的邊界。有些先驅者正在大多仍偏理論的量子生物學下工夫，而且因為下面的發現，得到人們更大的關注：

  - 光合作用裡面，由於量子效應導致有效能量傳導的跡象

  - 有關核磁共振掃描病人之記憶改變效應（Mag-Lag）的報導，暗示腦內的一些精細交互作用可能本質上具量子特性

---

[10] M. Schuld, I. Sinayskiy, F. Petruccione：「追尋量子神經網路」， Quantum Information Processing 13, 11, pp. 2567-2586 (2014)。

[11] W. Loewenstein：「心智中的物理：量子視野下的腦」，Basic Books (2013)。

- 量子聯想記憶體：這是由 Dan Ventura 及 Tony Martinez 在 1999 年發表的新型演算法[12]。他們提出一個模擬聯想記憶體、用電路打造的量子電腦。演算法將記憶體狀態寫成疊加態，然後利用像 Grover 量子搜尋的方法，提取與給定輸入最接近的記憶體狀態。他們的終極目標是得以模擬人腦的特性。

- 黑洞：不管你相不相信，有人提議用 QNNs 模擬黑洞，而且黑洞跟大腦可能有類似的儲存記憶方式[13]。

總之，如果像天網這樣的人工智慧量子電腦在未來會奴役人類，那麼有可能它就是由某種 QNN 構成的。雖然現在聽起來很像笑話，但是一些科學巨人，例如霍金早已給出警告，我們實在該認真聽聽。下一節我們將檢視有哪些缺陷，使得量子電腦難以打造。

量子電腦的缺陷：去相干（decoherence）及干擾

在量子力學，去相干及干擾是讓大型量子計算遇到困難的兩項基本原理。

去相干（壽命長短）

量子力學用波函數來描述質點，它的一項基本特性稱為相干性，或者是狀態之間明確的相位關係。量子電腦的正常運作需要相干性，但是當量子系統與周遭環境接觸，相干性會隨時間衰減，此過程稱為量子去相干。形式上而言，因為波函數的機率本質，去相干指的是疊加態消失所需的時間。它也可被視為資訊從系統逸失至環境的過程。

---

[12]　D. Ventura, T. Martinez：「根據 Grover 演算法的量子聯想記憶體」，Proceedings of the International Conference on Artificial Neural Networks and Genetics Algorithms， pp. 22-27 (1999)。

[13]　「像大腦般的黑洞：符合正比面積定律熵的神經網路」。Gia Dvali 及其同僚。全文見 https://arxiv.org/pdf/1801.03918.pdf。

TIP　去相干是德國物理學家 H. Dieter Zeh 在 1970 年提出的概念，用來了解波函數的塌陷[14]。

去相干可以用實驗進行測試。量子力學認為粒子可同時處於多個狀態（激發/非激發態、或處在兩個不同的位置），只有觀察行為能對某特定狀態給出一個隨機值。如果以粒子的能階來衡量激發與否（低能階表示未激發、高能階則為激發），則當施以適當頻率的電磁波，粒子將交替處於高低能階。接著粒子的狀態能被測量及平均，產生所謂的 Rabi 振盪。由於例如原子間的碰撞、電磁場、熱浴等因素，粒子不可能完全孤立，所以疊加態將終止且振盪會消失。

因此去相干給出量子物件與其環境互動的資訊，所以對量子計算至關重要。也就是說，去相干性（停留在疊加態的時間）越高，量子位元的品質就越好。有些量子位元設計，像是超導環的壽命很短，所以必須保持在超低溫之下（-271^0C）來抵銷此效應。其他像是陷獲離子及鑽石空缺有很長的壽命，所以可在室溫下運作。從事量子設計的科技公司，面臨了解決量子位元壽命問題的艱鉅挑戰。這些努力的詳細描述，請參考「量子位元之設計」一節。

---

[14]　Schlosshauer, Maximilian (2005)。「去相干、測量問題以及量子力學詮釋」。Reviews of Modern Physics。76 (4): 1267－1305。arXiv:quant-ph/0312059 可免費下載。Bibcode:2004RvMP...76.1267S。doi:10.1103/RevModPhys.76.1267。

量子錯誤糾正（QEC）

量子錯誤糾正乃藉由確保資訊免於去相干、及環境雜訊所導致的錯誤，以實現容錯的量子計算。當量子電腦設定一些量子位元時，它會利用量子閘使其產生糾纏、並操控其機率，最後透過測量將疊加塌陷以產生最後的一串 0 或 1 輸出。這表示透過電路計算的所有結果同時顯現。最終，我們只能從所有可能解中得到一組解。每個可能解都有其個別的正確機率，所以可能必須重新檢查及試驗。這個過程就是 QEC。

　　古典世界的糾錯是以冗餘來提供，也就是藉由資料的備份、接著指定出現某類錯誤的機率，最後將原訊息與最可能情況比對，以判定是否有錯誤發生。為說明整道程序，考慮下表裡的 1 位元資訊：

訊息	冗餘備份	錯誤(1)	錯誤(1,2)
0	0	1	1
	0	0	1
	0	0	0
機率		(1/3) = 0.33	(1/3)*(1/3) = 0.11

　　如果有個 1 位元的訊息（ 0 ），並創造三份備份作為錯誤糾正之用。假設錯誤的發生有某個機率且彼此獨立，則更可能發生的情況是單一位元產生錯誤，所以傳送的訊息是三個 0。另外也有可能發生雙位元的錯誤，則傳送的訊息相當於三個 1，不過這種情況發生率較低。用這種方法，便能在古典系統發生錯誤時進行訊息的糾正。可惜因為**不可複製原理**，在量子尺度下無法這樣做。

NOTE 不可複製原理述說的是我們不可能對一個未知的量子狀態，進行完美的複製。這是由物理學家 James L. Park 在 1970 年提出及證明的 [15]。

不可複製原理讓量子計算遇到麻煩，因為我們無法建造量子位元的冗餘備份，以糾正錯誤。但是我們可以將一個量子位元的資訊，擴展散布到由幾個實體量子位元所構成的高度糾纏態。此技巧是 Peter Shor 發明的錯誤糾正碼，其做法是把一個量子位元的資訊存成 9 個糾纏的量子位元。不過這個做法只能保護及處理特定形式的錯誤。但隨著時間過去，許多種量子錯誤糾正碼也被發展出來，其中最重要的有：

3 量子位元編碼

這是量子錯誤糾正的起點，也是最基本的。此方法將單一邏輯量子位元編碼到三個實體位元，並擁有能夠修正泡利 X 矩陣中（σ_x）、單一位元反轉錯誤的特性。透過額外的兩個量子位元，以及在不干擾原來狀態的情形下從資料區塊抽取稱為症狀的信息（跟可能發生的錯誤有關的信息），此編碼能在不需對原量子位元測量的情況下糾正錯誤。

這項編碼的限制是沒有辦法同時修正位元、及相位（正負號）的反轉錯誤，只能夠處理單一位元的反轉。Peter Shor 使用這套方法，發展出 9 量子位元的錯誤糾正碼。

Shor 編碼

此錯誤糾正碼乃以 3 量子位元編碼為基礎，能修正位元反轉、符號反轉、或兩者皆有的情況。Shor 編碼把單一邏輯量子位元編碼進 9 個實體位元，利用額外的實體狀態來儲存可能錯誤的症狀訊息。注意這種編碼只能糾正發生在單一量子位元的錯誤。它比較簡單，所以更能在電腦架構的物理限制下、採用更具彈性的電路結構。除此之外，其他量子錯誤糾正的最新發展還包括：

---

[15] Wootters, William; Zurek, Wojciech (1982)。「不可複製的單一量子」。Nature. 299:802－803。Bibcode:1982Natur.299..802W。doi:10.1038/299802a0。

- 玻色子編碼：這套方法嘗試利用單一物理系統的振盪子有無窮多能階的好處，將錯誤糾正的資訊存入玻色子模式中[16]。

- 拓撲編碼：由物理學家 Alexei Kitaev 提出，並發展了複曲面（*toric*）編碼作為拓撲錯誤糾正之用。它的結構定義在二維格子，其中使用的錯誤鏈定義了編碼表面的非明顯拓撲路徑[17]。

　　總而言之，去相干及量子錯誤糾正，讓那些想實現大規模容錯量子計算的 IT 公司的日子並不輕鬆。但是由於新型、生命期長之量子位元設計，再加上改良的量子錯誤糾正碼，這方面的進步仍然飛快。事實上步伐已經快到專家們還為大規模量子計算發明了一個容易上口的新詞：量子霸權。

50 量子位元的處理器，以及量子霸權的追求

量子霸權確實是個容易上口的詞。它由物理學家 John Preskill 創造，用來描述量子電腦發展到能夠解決那些傳統電腦無法解決之問題的時間點。這是個很有力的主張，因為人們得證明相較於最好的傳統電腦，速度的進步必須是超越多項式的形式才行。

TIP　超越多項式的加速指的是演算法執行的速度改進，超越了多項式的界線。例如，一個演算法被稱為以多項式時間執行—如果其執行時間依照公式 $k1n^{c1}+k2n^{c2}+\cdots$，其中 k 跟 c 是任意常數、n 是輸入的大小。而如果一個演算法執行時間是依照 2^n（n 是輸入的大小），就會被稱為是以超越多項式的時間執行。

---

[16]　Cochrane, P. T.; Milburn, G. J.; Munro, W. J. (1999-04-01)。「振幅阻尼之巨觀相異量子疊加態玻色子編碼」。Physical Review A。59 (4):2631－2634。doi:10.1103/PhysRevA.59.2631。

[17]　A.Y. Kitaev。「量子計算：演算法與錯誤糾正」。52:1191，1997。

　　研究者現在利用幾個現有、相較於最佳傳統做法有超越多項式改進的演算法，想努力去證明量子優越性。下面幾段將依據時間軸，詳細描述這些努力。

- *1982*：量子力學大師費曼提出利用疊加、干涉、糾纏等原子定理的量子電腦概念。這種機器將是革命性的機器。

- *1994*：　數學家 Peter Shor 提出量子電腦上有名的因數分解演算法。當演算法的時間複雜度被預估將以超越多項式加速的方式擊敗最好的古典算法（數域篩選法 NFS）時，引發了大家的熱情。雖然算法本身既未被實作也還未被實驗證明，但是精靈已經被釋放，大家對算法的熱情增長的速度就跟 Shor 演算法超越 NFS 一樣快。

- *2012*：物理學家 John Preskill 在一篇題為「量子計算及糾纏前沿」的文章中，創造了量子霸權這個詞，以正式描繪量子電腦勝過傳統電腦的時間點。這場競賽在資訊科技巨頭間仍在進行中。

- *2016*：搜尋界的巨人 Google 打算在 2017 年年底前，挑戰並證明量子霸權的可能性。他們的想法是建造一個 49 量子位元的晶片，用來取樣機率分佈—此任務是任何現有電腦，在合理的時間內無法完成的。這項努力最後以失敗告終。

- *2017*：IBM T. J. Watson 實驗室的研究員，在 Lawrence Livermore 國家實驗室的傳統超級電腦 Blue Gene/Q 上模擬 49 及 56 量子位元的電路，提高了達成量子霸權所需的量子位元數[18]。

---

[18]　Edwin Pednault 及其同僚。「量子電路模擬突破 49 量子位元障礙」。全文見：https://arxiv.org/pdf/1710.05867.pdf。

- *2018*：量子計算的缺陷變得更加明顯，人們對量子優越性的可能性越來越感到懷疑。量子錯誤糾正的預估顯示，每次循環輸入的出錯率可高達 3 ％。相較於傳統電腦，量子電腦的雜訊及錯誤率要高得多，真正的聖杯必須是一台具容錯功能的量子電腦。

　　在找到確切的證明之前，量子霸權的路途仍然遙遠。但是 IT 的行內人預測，在幾年內公司開始會從這方面的投資得到回報。不管何時或需要多少量子位元，一旦所謂的量子霸權到來時，屆時連超級電腦都無法跟上其腳步了。不管相信與否，加拿大有家公司 D-Wave Systems 已在商業販售 2000 量子位元的電腦─雖然因為他們使用的量子退火程序，使其成果仍有一些爭論存在。我們在下一節來探討。

量子退火（QA）以及能量最小化爭論

量子退火有時被稱為絕熱量子計算（AQC）。這是量子計算的一種形式，乃依靠絕熱定理進行計算。為避免太偏技術層面，以下整理一些讓讀者更容易了解其程序的觀念：

- 絕熱定理：由波恩及福克在 1928 年提出：一個量子力學系統，如果漸漸改變其外在環境，則能隨著改變調整其函數形式。但是如果外在條件快速改變，因為時間不夠所以其空間機率密度將保持不變。

- 哈密頓（H）：量子力學的一個重要觀念，特別是對量子退火。在大部分情形下，哈密頓相當於是系統總能量的運算子。也就是說，它是系統所有粒子的動能及位能的總和。

TIP 　絕熱定理以垂直平面上擺盪的鐘擺做例子比較好理解。如果鐘擺的支柱突然移動，鐘擺的擺動模式便會改變。另一方面，如果支柱非常緩慢的移動，則鐘擺相對於支柱的運動仍保持不變。這就是絕熱過程的精髓：外在條件的緩慢變化讓系統來得及調適，所以仍可保有初始的特性。

一般而言量子退火可用下列步驟描述：

1. 找出一個哈密頓（可能很複雜），其基態為欲解問題的解。

2. 準備一個有簡單哈密頓的系統，將其初始化至上述的基態。

3. 利用絕熱過程，將簡單哈密頓演化至想達到的複雜哈密頓。依照絕熱定理，系統仍處於基態，所以最終系統狀態便是問題的解答。

　　這方面的先鋒是 D-Wave Systems 公司，它已經商業販售了許多量子位元數目頗大的量子電腦。

2000 量子位元：事情並非表面呈現的樣子

考慮下面依照時間順序、由 D-Wave 販售的一系列量子系統。

- *2007*：D-Wave 展示第一台 16 量子位元的硬體。

- *2011*：以 1 千萬美元賣給 Lockheed Martin、128 量子位元的 D-Wave One。

- *2013*：賣給 Google 的量子人工智慧實驗室，用來證明量子霸權的 512 量子位元 D-Wave Two。

- *2015*：跨越 1000 量子位元障礙的 D-Wave 2X，購買者未透漏。

- *2017*：以 1 千 5 百萬美元賣給網路安全公司 Temporal Defense Systems 的 2000 量子位元 D-Wave 2000Q。

很難相信當像 IBM 和 Google 這樣的巨人才剛開始打造 16 量子位元的系統，卻已經有人賣掉 2000 量子位元的電腦。如果考慮 IBM 不但專精大型硬體，而且口袋還最深，那麼這種情況根本不可能發生。事實是雖然 D-Wave 2000Q 的量子位元數目很大，但卻無法解決大部分 IBM Q 系統能處理的問題。

事實上，D-Wave 電腦只能解量子退火的問題。也就是說，那些只能用絕熱定理來處理的問題。

量子退火：量子計算的分支

量子計算專家認為量子退火相對比較受限，但也因為以下的事實產生了一些爭論：

- 像 IBM Q 之類的平台利用邏輯閘控制量子位元，但是量子退火電腦沒有邏輯閘，所以無法完整控制量子位元的狀態。

- D-Wave Systems 巧妙利用其量子位元傾向於最低能量狀態的特性。雖然無法用量子閘進行控制，但卻可以用絕熱定理來預測行為。所以在解能量最小化的問題時，還是很不錯的工具。

- 量子退火主要用在搜尋空間離散、而且有區域最小值的組合最佳化問題（例如找出無序磁鐵/自旋玻璃的基態）[19]。QA 利用所有物理系統傾向於待在最低能量狀態的觀念。作為說明，我們把一杯熱咖啡置於櫃檯一段時間，咖啡的溫度會開始下降直到跟周圍環境的溫度相同。所以咖啡也傾向於最低能量狀態。

---

[19]　P Ray, BK Chakrabarti, A Chakrabarti「橫向場的 Sherrington-Kirkpatrick 模型：量子起伏導致複製對稱破壞消失」Phys. Rev. B 39, 11828(1989)。

TIP 　數學最佳化是來自於區域搜尋領域的一項技巧。它是一種迭代的作法：先從問題的任意解開始，然後藉著漸進的改變解答的單一個元素，來找尋更好的答案。如果改變產生更佳解，則對此新解再施以漸進的改變。這樣的程序一直重複，直到找不到更好的解答為止。

　　D-Wave QA 機器是否勝過傳統電腦並沒有答案。不過倒是有幾個不同方向的研究：在 2016 年 1 月，Google 科學家利用 D-Wave，針對 QA 解決工具的有限範圍穿透問題進行一系列測試，並且跟單核傳統處理器執行的模擬退火（SA）及模擬量子蒙地卡羅（QMC）做比較[20]。結果是 QA 解決工具以 10^8 倍勝過 SA 及 QMC。

　　結果令人印象深刻，不過其他人有不同看法。瑞士聯邦技術學院的研究者宣稱，在 D-Wave 晶片上看不到任何量子加速，但不排除將來可能會有。

　　圖 2-17 展示了 D-Wave 這類 QA 處理器的內部工作原理。它由超導環（上面有電流流動）量子位元的二維陣列所組成，量子位元就像磁鐵一樣可以指向上方、指向下方、或依照量子力學原理可以同時指上及指下。陣列裡的每個量子位元藉由可程式化的連結器與其他量子位元互動，所以可透過指向相同或相反的方向來降低能量。它的整個觀念是把問題編碼（透過指定晶片內所有可能的交互作用），然後找出量子位元的最低能量或基態，以求取解答。

---

[20]　「有限範圍穿透的計算值為何？」 Vasil S. Denchev 及同僚。Google Labs, Jan 2016。全文見 https://arxiv.org/pdf/1512.02206.pdf。

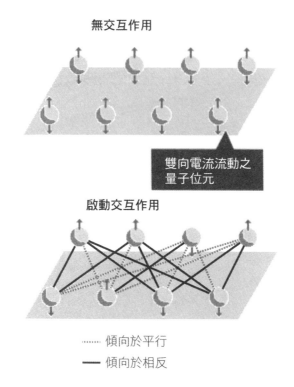

無交互作用

雙向電流流動之
量子位元

啟動交互作用

‥‥‥ 傾向於平行
—— 傾向於相反

圖 2-17　量子退火處理器示意圖

　　要找到基態，機器從位於糾纏態底下的陣列開始，然後慢慢地啟動彼此
間的交互作用。接著系統開始尋找最低能量狀態，就好像球在山谷間滾動，
找尋最深的低點。在古典物理中，熱能會把球驅動至山谷間的低點，這就是
所謂的熱退火。但是在量子力學，球能夠藉由穿透更快地找到最低點。這是
為什麼人們相信量子退火在處理類似圖形辨識、機器學習等問題時，速度會
更快。

　　因此 D-Wave 的架構跟傳統量子電腦並不相同—因為它只能解能量最小
化問題。因此有一些爭論產生，IBM 有些人認為這樣的做法是「此路不通」。
即使是利用 D-Wave 2X 進行 QA 實驗求解 K 階二元最佳化問題的 Google 科
學家，也在總結中挖苦，認為模擬退火只是給「無知和別無選擇」的人使用。
讓爭論更形激烈的是，D-Wave 沒辦法執行 Shor 演算法，因其與能量最小化程序無關。Shor 演算法需要的是所謂的通用型量子電腦，也就是一部能執行任何量子演算法的電腦。

通用量子計算及其未來

通用量子電腦又稱為量子圖靈機（QTM），可說是終極的量子機器。QTM 是能掌握量子計算所有能力的機器，也就是說，它能夠執行任何量子演算法。雖然要完成這樣的夢想可能還需要幾十年，但是主要的 IT 玩家都投入這場新的全球競賽，各國政府也投注大筆資源在研發上面。

Google 與量子人工智慧

Google 是 D-Wave 的早期客戶，並把它用來做一系列的最佳化實驗。結果顯示，量子退火比單核處理器的模擬退火要快上許多。此外 Google 還宣布正發展自己的量子計算技術。考慮 Google 擁有的豐富資源，這是很合理的舉動。雖然現在還沒有可以展示的成果，但似乎 Google 採取的是混合 IBM 以閘為基礎的技術、及 D-Wave 量子退火技術的作法。

　　Google 在 2017 年 6 月宣布正在測試 20 量子位元的電腦，並且希望在 2018 年前打造 49 位元的機器，似乎想在量子霸權上挑戰 IBM。Google 已經清楚表達其量子意圖：人工智慧。在 Springer 自然雜誌的一篇文章「早期量子技術的商業化」，他們介紹了量子 AI 實驗室，希望打造能處理各種問題的容錯量子電腦。Google 的努力集中在機器學習及 AI 的三個關鍵領域：

- 模擬：最令人期待的應用之一是化學反應及材料的建模：航空用更堅固的聚合物、汽車的改良式觸媒轉化器、更有效的太陽能材料、新藥物、透氣的紡織材料。量子計算透過滿足所需的計算能力，把這些材料推高至另一個層次，所以預期能省下難以計數的經費。計算材料不但是個大產業，還擁有許多不同的量子模擬商業模式：使用權訂閱、諮詢、以股權交換量子輔助產生的創新等等。

- 最佳化：傳統電腦不容易解最佳化問題，最好的傳統算法乃利用像是能量最佳化（熱退火）的統計方法。量子原理利用熱障礙穿透嘗試去找最低點或最佳解，因此能提供很大的效能改進。廣告的線上推薦及競標策略也需要強大的最佳化算法。一般而言，大部分機器學習問題都能從量子最佳化獲益。物流公司、健康照護的病人診斷、網路搜尋公司都能實現巨大的創新。

- 取樣：大致上在像是推論、及圖形辨認這類機器學習任務相關的事務上，量子取樣能提供效能更好的機率分布查詢。不只如此，量子電腦提供的大量平行度，還可透過取樣提供量子霸權的確切證明。

Google 重押在量子最佳化及風險管理的未來發展。對商業客戶來說，目前 IBM 的 20 量子位元平台仍佔優勢，更何況 IBM 還提供一個 16 量子位元的免費雲端平台 *Q Experience*。我們能確信的是，這些主要廠家很快就都會提供雲端量子平台。

資料中心裡的量子機器

量子位元的設計及打造需要依靠極限工程。因為量子力學的古怪特性，量子位元容易受環境雜訊干擾、以及因為去相干原理而容易出錯，而且也不容易控制及大規模建造。所以不要期待不久的將來就能在本地的電子商店櫃檯上，看到它們的蹤影。甚至也不要期待在下個數十年，你的孫子就能買台量子電腦擺在房間內插電使用。除非達成技術上的量子跳躍，否則實現的機率不高。一部分原因是因為目前的量子位元必須在極冷的溫度下（0.015K 或 -273ºC）運轉，以避免環境雜訊的影響。想透視了解這種溫度的涵義，可以從下表檢視宇宙不同區域的平均溫度。

位置	絕對溫度	攝氏溫度
量子位元	0.015	-273
太空真空（由背景輻射或宇宙大爆炸餘暉產生的溫度）	2.7	-270
地球的平均溫度	331	58
白天及夜晚的月亮溫度	373/100	100/-173

TIP　凱氏溫度主要是在物理上使用的溫度單位，凱氏零度被定義為絕對零度、或者是所有熱運動止息的溫度（依照熱力學的古典描述）。

短期內很可能發生的是由量子電腦接管資料中心。這表示量子電腦不會取代桌上型電腦，相反地它們將執行資料中心裡面最繁重的工作，像是搜尋、模擬、建模等等。此外行內人預期量子電腦會與傳統電腦形成互補，提供新型態的服務，例如加密、科學及人工智慧等等。

所以再過幾年，可以預期手機、家用設備的數位助理背後有量子電腦的輔助。或許還可以思考看看：再過個 10 年左右，我們大部分時間都花在跟量子電腦對話。

全球化的競爭

當政府投注大筆資金開始行動後，事情又演進到另一個新層次。根據 Digital Single Market 發布的新聞，歐盟打算啟動從 2018 年就開始、10 億歐元的旗艦計畫，並打算於未來 20 年投注豐厚的資金[21]。這是繼個人提案的 5 億 5 千萬歐元的後續投資，目的是讓歐洲在其認定的第二次量子革命前沿取得領先。

---

[21]　「歐盟將啟動 10 億歐元的量子技術旗艦計畫」。Digital Single Market，全文見 https://ec.europa.eu/digital-single-market/en/news/european-commission-will-launch-eu1-billion-quantum-technologies-flagship。

此外，根據阿里巴巴雲在 2015 年 7 月的新聞發布，中國科學院（CAS）和中國最大電子商務公司阿里巴巴，將合作打造 *CAS* 量子計算實驗室。量子計算已變成全球競爭，其可能影響極為深遠。

未來應用

因為量子計算的巨大潛力，它能實現的事情可說是沒有限制。以下是一些未來可能的應用，及其對社會的衝擊。

- 航空業：航空公司正發展及使用氣流模擬的量子演算法，以省下傳統方法需要耗上幾年的時間。如此便可以在幾分之一的時間內，發展出更堅固、更有效率，噪音及排放更低的飛行器。

- 太空應用：NASA 在太空船的結構及負載裝配的最佳化等任務上，都試用過 D-Wave 的系統。其他應用還包括量子人工智慧及量子-古典混合算法。

- 醫療：量子計算提供更強的分子模擬功能，使得新藥發明、超快蛋白質建模、及較快的藥物測試成為可能。這不但縮短將新藥帶給病人所需的發展生命週期，下一代的藥物及癌症治療也將落入我們的掌握之中。

這些只是一部分量子計算未來可能的應用。請注意我們還未把目前的一些突破算在內，像是資料加密及安全：量子因數分解以及破解非對稱密碼學的可能性，正是量子計算最近得到巨大關注的主要原因。下一章開始接觸 IBM Q Experience，它是第一個提供真實量子裝置，讓一般人隨意使用的雲端量子計算平台。

CHAPTER 3

IBM Q Experience—獨一無二的雲端量子計算平台

本章將利用最早出現的 IBM Q Experience 平台，檢視雲端的量子計算。一開始會先介紹作曲家程式（Composer）—可以用來以視覺化方式打造電路、提交實驗、探索硬體裝置的網頁控制台。接著，我們會學習建立第一個實驗，並提交給模擬器或實際的量子裝置。IBM Q Experience 還提供強大的 REST API，用以控制實驗的生命期—本章也會展示如何透過對端點及請求參數的詳細描述來進行。最後，本章將以正式的 Node JS Python 程式庫（叫做 IBMQuantumExperience）實作作為結束。此客製化的 Node JS 程式庫可以讓讀者測試自己的非同步 Javascript 及 REST API 技巧。出發了！

　　IBM 確實在雲端量子計算的競賽中已取得領先。他們提供一個很酷的平台 Q Experience，讓人們從遠端進行實驗。但只有我這麼想嗎—這些工具的名字用了很多音樂理論的類比。看看這些用來打造量子電路的視覺編輯器，被稱為*作曲家*。不夠奇怪嗎？編輯器打造的量子電路被稱為樂譜（如同音樂的樂譜），更不用說視覺上來看，編輯器畫面很像音樂創作中寫好的樂譜。

© Vladimir Silva 2018
V. Silva, *Practical Quantum Computing for Developers*, https://doi.org/10.1007/978-1-4842-4218-6_3

我這樣說是因為我玩古典吉他很久了，所以第一次看到作曲家時（上面的邏輯閘很像音符），讓我有種吉他樂譜的怪異熟悉感浮現。還認為我不太正常嗎？此平台被取名為 Q Experience—聽過 Jimi Hendrix 的 Experience 曲子嗎？或許作曲家正是一本樂譜工作本，讓人們用來創造其他人可以享受的傑作。量子計算確實有改變現狀的能力。

玩轉 IBM Q Experience

Q Experience 是 IBM 的雲端量子計算平台，真得很酷。讓我們來看看（以下所有畫面來自於 IBM）：

- 在 https://quantumexperience.ng.bluemix.net/qx/experience 建立帳號。必須提供電子郵件，等候批准，再進行確認。

- 登入網頁控制台，從上方找到作曲家分頁（圖 3-1）。

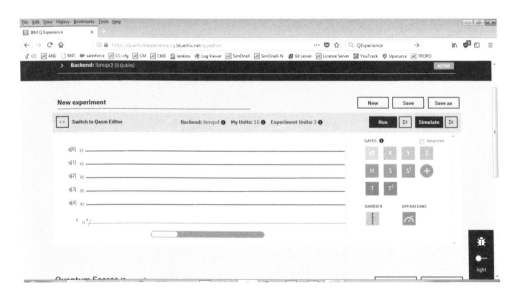

圖 3-1　IBM Q Experience 主視窗

量子作曲家程式

作曲家是個視覺化工具,用來建立量子電路或樂譜。上方顯示實驗直方圖,以及可供利用的量子位元(圖3-2)。

圖 3-2　實驗作曲家程式

- 在直方圖左側,有5個來自於處理器 ibmqx4 的量子位元可用,且皆被初始化至基態 |0〉。最底下的線則是蒐集電路結果的測量線。記住測量應該是電路必須做的最後一件事,因為所有閘皆是平行運作、且在疊加的狀態下執行。

- 右側有一些量子閘,可以將其拖拉至特定量子位元的直方圖位置,開始建造電路。

接著來檢視這些閘及其意義。

量子閘

IBM Q Experience 支援的量子閘如表 3-1 之描述。

表 3-1　IBM Q Experience 的量子閘

閘	描述
泡利 X X	依 X 軸旋轉量子位元 180 度，將 |0⟩ 映射至 |1⟩、|1⟩ 映射至 |0⟩。它也被稱為位元反轉，或是非（NOT）閘。可用下列矩陣來代表： $$X=\begin{bmatrix} 0 & 1 \\ 1 & 0 \end{bmatrix}$$
泡利 Y Y	依布洛赫球面的 Y 軸旋轉 π 弳度，可用下面的矩陣來代表： $$Y=\begin{bmatrix} 0 & -i \\ -i & 0 \end{bmatrix}$$ 其中 $i=\sqrt{-1}$ 被稱為虛數單位。
泡利 Z Z	依布洛赫球面的 Z 軸旋轉 π 弳度，可用下面的矩陣來代表： $$Z=\begin{bmatrix} 1 & 0 \\ 0 & -1 \end{bmatrix}$$
Hadamard H	依 $(X+Z)/\sqrt{2}$ 軸旋轉 π 弳度。也就是説，它會進行下列的狀態映射： • |0⟩ 映射至 $(\|0⟩+\|1⟩)/\sqrt{2}$ • |1⟩ 映射至 $(\|0⟩-\|1⟩)/\sqrt{2}$ 要產生疊加態需要利用到這個閘。
相位 $\sqrt{Z}$ S	它的特性如下列映射：X→Y，Z→Z。此閘延伸 H 的功能，以製造複雜的疊加態。
S 的轉置共軛 S†	進行下列映射：X→-Y，Z→Z。
受控非（CNOT） +	此為 2 量子位元閘，如果控制位元在狀態 1，則反轉目標量子位元（套用泡利 X 運算）。為產生糾纏態必須使用此閘。

（接續下表）

表 3-1　（續）

閘	描述
相位 $\sqrt{S}$	$\sqrt{S}$ 閘執行 2 量子位元互換的一半動作。它的用途廣泛，因為要建立任何多量子位元閘只需利用 $\sqrt{S}$（互換）、以及單量子位元閘即可。它可由下列矩陣表示：$$\sqrt{S}=\begin{bmatrix} 1 & 0 & 0 & 0 \\ 0 & 1/2(1+i) & 1/2(1-i) & 0 \\ 0 & 1/2(1-i) & 1/2(1+i) & 0 \\ 0 & 0 & 0 & 1 \end{bmatrix}$$
T 轉置共軛或 T-劍號	由下列矩陣表示：$$\sqrt{S}=\begin{bmatrix} 1 & 0 & 0 & 0 \\ 0 & 1/2(1-i) & 1/2(1+i) & 0 \\ 0 & 1/2(1+i) & 1/2(1-i) & 0 \\ 0 & 0 & 0 & 1 \end{bmatrix}$$
障礙	阻止跨越此來源線的任何轉換
測量	測量閘接收處於疊加態的量子位元為輸入，輸出 0 或 1。此外輸出並非隨機，其為 0 或 1 的機率乃依量子位元的原始狀態而定。
條件式	條件吻合才執行量子運算。
物理部分旋轉（U 閘）	U1：單一參數的單量子位元相位閘，其操作瞬時完成。 U2：兩個參數的單量子位元閘，其操作需要 1 單位的閘時間。 U3：三個參數的單量子位元閘，其操作需要 2 單位的閘時間。
恆等	恆等閘對量子位元執行長度為 1 單位時間的閒置運算。

讀者可以從作曲家右邊拖拉這些閘來建立電路，也可以依個人喜好選擇寫組合語言―切換到圖 3-3 的 QASM 編輯器模式。

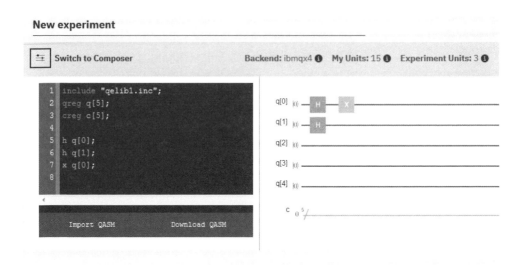

圖 3-3　QASM 編輯器模式下的實驗編輯器

TIP　QASM 是構築在 OPENQASM 平台上的量子組合語言，被用在實作低複雜度的量子電路。即使組譯器已經有點像失傳的藝術，但是有人可能覺得它的原始能力比 Python SDK 或甚至是視覺編輯器來得更吸引人。

接著來討論可供使用的各種量子處理器。

可供利用的量子後台

有一些量子處理器可供實驗使用。表 3-2 是依照量子位元數目大小之順序，可供使用的處理器正式列表（根據 IBM Q Experience 的後台資訊網站）[1]。

---

[1]　IBM Q Experience 後台資訊請參見 https://github.com/Qiskit/ibmq-device-information。

表 3-2 IBM Q Experience 使用者可用的量子後台正式列表

名稱	細節
Ibmqx2	代號：麻雀 量子位元：5 2017/01/24 上線
Ibmqx4	代號：渡鴉 量子位元：5 2017/09/25 上線
Ibmqx3	代號：信天翁 量子位元：16 2017/06 上線
Lbmqx5	代號：信天翁 量子位元：16 2017/09/28 上線 此為 ibmqx3 的重新配置版本

　　表 3-2 列出本書寫作時，可供使用的處理器正式列表。但是利用很棒的 REST API，我們有個很有趣的做法可以即時得到最新的可用機器列表。這些 API 在本章的「利用 REST API 遠端存取」一節有更詳細的描述。現在先來示範使用可用後台列表的 REST 端點，來得到最新的後台列表的方法：

　　https://quantumexperience.ng.bluemix.net/api/Backends?access_token =ACCESS-TOKEN

TIP　要取得存取通證（access token），請參見本章「利用 REST API 遠端存取」中的「透過 API 通證認證」這一節。注意 API 通證與存取通證不同。API 通證在透過 Python SDK 執行量子程式時使用，存取通證則用來啟動 REST API。

上一段的 URL 將傳回 JSON 格式的量子處理器列表。本書寫作當時其格式如下所示，請注意你看到的結果可能有些不同：

列表 3-1　後台資訊 REST API 呼叫的 HTTP 回應

```
[{
  "name": "ibmqx2",
  "version": "1",
  "status": "on",
  "serialNumber": "Real5Qv2",
  "description": "5 transmon bowtie",
  "basisGates": "u1,u2,u3,cx,id",
  "onlineDate": "2017-01-10T12:00:00.000Z",
  "chipName": "Sparrow",
  "id": "28147a578bdc88ec8087af46ede526e1",
  "topologyId": "250e969c6b9e68aa2a045ffbceb3ac33",
  "url": "https://ibm.biz/qiskit-ibmqx2",
  "simulator": false,
  "nQubits": 5,
  "couplingMap": [
    [0, 1],
    [0, 2],
    [1, 2],
    [3, 2],
    [3, 4],
    [4, 2]
  ]
}, {
  "name": "ibmqx5",
  "version": "1",
  "status": "on",
  "serialNumber": "ibmqx5",
  "description": "16 transmon 2x8 ladder",
  "basisGates": "u1,u2,u3,cx,id",
  "onlineDate": "2017-09-21T11:00:00.000Z",
```

```
    "chipName": "Albatross",
    "id": "f451527ae7b9c9998e7addf1067c0df4",
    "topologyId": "ad8b182a0653f51dfbd5d66c33fd08c7",
    "url": "https://ibm.biz/qiskit-ibmqx5",
    "simulator": false,
    "nQubits": 16,
    "couplingMap": [
      [1, 0],
      ...
      [15, 14]
    ]
}, {
    "name": "Device Real5Qv1",
    "status": "off",
    "serialNumber": "Real5Qv1",
    "description": "Device Real5Qv1",
    "id": "cc7f910ff2e6860e0d4918e9ee0ebae0",
    "topologyId": "250e969c6b9e68aa2a045ffbceb3ac33",
    "simulator": false,
    "nQubits": 5,
    "couplingMap": [
      [0, 1],
      [0, 2],
      [1, 2],
      [3, 2],
      [3, 4],
      [4, 2]
    ]
}, {
    "name": "ibmqx_hpc_qasm_simulator",
    "status": "on",
    "serialNumber": "hpc-simulator",
    "basisGates": "u1,u2,u3,cx,id",
    "onlineDate": "2017-12-09T12:00:00.000Z",
    "id": "084e8de73c4d16330550c34cf97de3f2",
```

表 3-3　三種角度的光子極化的排列情況

編號	A(0)	B(120)	C(240)	[AB]	[BC]	[AC]	總和	平均
1	A+	B+	C+	1(++)	1(++)	1(‖)	3	1
2	A+	B+	C−	1(++)	0	0	1	1/3
3	A+	B−	C+	0	0	1(++)	1	1/3
4	A+	B−	C-	0	1(--)	0	1	1/3
5	A-	B+	C+	0	1(++)	0	1	1/3
6	A-	B+	C-	0	0	1(--)	1	1/3
7	A-	B-	C+	1(--)	0	0	1	1/3
8	A-	B-	C-	1(--)	1(--)	1(--)	3	1

　　貝爾定理提出下列問題：相鄰角度之極化（由正負號表示）相同的機率
有多高？表上還計算了極化的和及平均。假設實在論是對的，則從表 3-3 可推
得上述問題的答案是機率應大於 1/3。這就是貝爾不等式所提供、可以驗證各
種斷言是否正確的方法。接著就是令人難以置信的部分了：不管相信與否，
量子力學違反了貝爾不等式，給出了小於 1/3 機率的答案。1982 年由法國物
理學家 Alain Aspect 首次在實驗上予以證實。

TIP　　Aspect 實驗及貝爾不等式更詳細的討論參見第 1 章的「EPR 悖論落
敗：笑到最後的人是波耳」。

　　現在我們來將前面敘述的光子極化，轉譯成得以在量子電腦上執行的實
驗。1969 年 John Clauser、Michael Horne、Abner Shimony、Richard Holt 提
出證明貝爾定理的 CHSH 不等式：

$$S = \langle A,B \rangle - \langle A,B' \rangle + \langle A',B \rangle + \langle A',B' \rangle$$

$$S \leq 2$$

作為說明，假設有兩個偵測器置於 Alice、Bob 兩處。Alice 端的偵測器有兩種設定 A 及 A'，Bob 端有 B 及 B' 兩種設定，所以個別實驗總共測試了四種可能組合。實在論認定如果有一對糾纏粒子，則其奇偶性表格裡的所有可能排列如下所示：

A	B	1
A	B'	0
A'	B	0
A'	B'	1

在古典的實在論中，CHSH 不等式變成 |S|=2。但是量子力學的數學描述卻預測 S 的最大值為 $|S|=2\sqrt{2}$，所以違反了不等式。只要分別利用 4 個有 2 個量子位元的量子電路（每次測量一個），便能對此進行測試。這裡簡化 Alice 端偵測器的測量為 A=Z、A'=X，Bob 端則為 B=W、B'=V（表 3-4）。實驗一開始得先建立下面的基底貝爾態（圖 3-4）：

$$1/\sqrt{2}\left(|00+|11\right)$$

此式的涵義是 Alice 端的量子位元可能為 0 或 1。如果 Alice 以標準基底測量其量子位元，結果將是完全隨機—任一種結果的可能性是 1/2。但如果 Bob 接著測量他的量子位元，結果卻跟 Alice 一樣。所以 Bob 測得的結果第一眼看來也是隨機的，但是如果 Alice 與 Bob 互相聯絡，卻會發現表面隨機的結果其實是相關的。

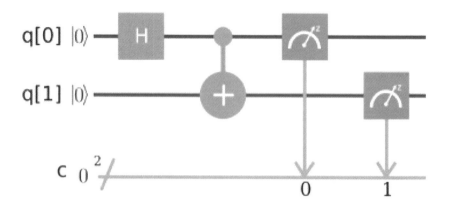

圖 3-4　基底貝爾態

　　圖 3-4 兩個量子位元都被製備在基態 |0⟩。H 閘讓第一個量子位元進入疊加態 $1/\sqrt{2}(|00+|10)$，接著 CNOT 閘在第一個量子位元處於激發態的情形下會反轉第二個位元。所以最後的狀態是 $1/\sqrt{2}(|00+|11)$，這是表格 3-4 中四個測量所需的初始糾纏態（上述資料重印自 IBM）。

- 如果要旋轉測量基底到 ZW 軸，可利用下列閘的操作順序 S-H-T-H。

- 如果要旋轉測量基底到 ZV 軸，可利用下列閘的操作順序 S-H-T'-H。

- XW 及 XV 之測量方式如前所述，至於 X 則是在標準測量前先經過一個 Hadamard 閘的操作。

TIP　　在作曲家進行實驗前，先確認其電路拓撲（量子位元數及目標裝置）的設定為 2 的模擬器。有些拓撲（像是實際量子裝置的 5 個量子位元）不支援讓 0 與 1 量子位元產生糾纏，所以會在設計時產生錯誤。注意目標裝置可以是真實的處理器或是模擬器。總之，如果是使用模擬器應該沒什麼問題。

表 3-4　貝爾態量子電路

貝爾態測量		100 次實驗結果

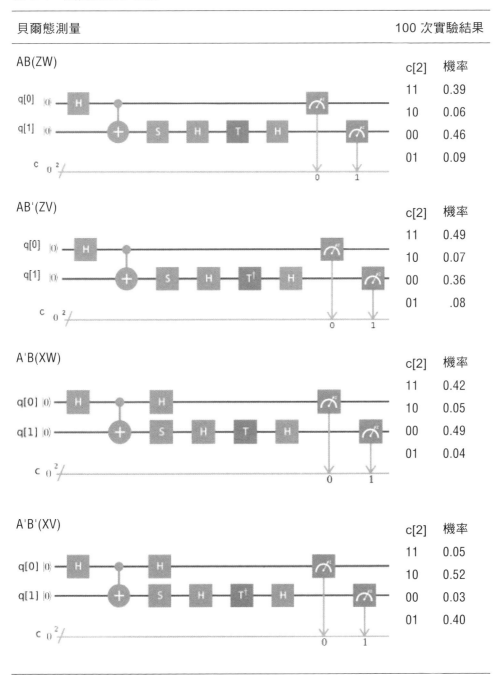

AB(ZW)

c[2]	機率
11	0.39
10	0.06
00	0.46
01	0.09

AB'(ZV)

c[2]	機率
11	0.49
10	0.07
00	0.36
01	.08

A'B(XW)

c[2]	機率
11	0.42
10	0.05
00	0.49
01	0.04

A'B'(XV)

c[2]	機率
11	0.05
10	0.52
00	0.03
01	0.40

現在讓我們來建造每個實驗的結果及 A 與 B 之間相關機率 <AB> 的表格。糾纏粒子的奇偶機率和可以表示成：

$$\langle AB \rangle = P(1,1) + P(0,0) - P(1,0) - P(0,1)$$

記住我們最終的目標是要決定 S ≤ 2 或 |S| = 2，所以匯總所有的測量結果我們可以得到表 3-5。

表 3-5　貝爾實驗結果匯總

	P(00)	P(11)	P(01)	P(10)	<AB>
AB (ZW)	0.46	0.39	0.09	0.06	0.68
AB' (ZV)	0.36	0.49	0.08	0.07	0.73
A'B (XW)	0.49	0.42	0.04	0.05	0.47
A'B' (XV)	0.03	0.05	0.4	0.52	-0.32

把<AB>行的絕對值加總得到 |S|=2.2。此結果違反了貝爾貝爾不等式（如同量子力學的預測），而且跟 IBM 科學家透過 8192 次實驗，在 2017 年 5 月 2 日所做的正式測試很接近[2]。你的結果呢？

更加神秘的 GHZ 態測試

GHZ 態乃依照物理學家 Greenberger-Horne-Zeilinger 命名。他們提出 N 個糾纏量子位元的一般性測試，其中最簡單的是 3 量子位元的 GHZ 態：

$$|GHZ\rangle = 1/\sqrt{2}\left(|000\rangle - |111\rangle\right)$$

---

[2]　IBM Q Experience 的貝爾測試結果可參見https://quantumexperience.ng.bluemix.net/proxy/tutorial/full-user-guide/003-Multiple_Qubits_Gates_and_Entangled_States/002-Entanglement_and_Bell_Tests.html。

NOTE GHZ 態的重要性在於它們證明：超過兩個例子的糾纏，不管是在統計（機率性）和非統計（決定性）的預測方面，都跟區域實在論不一致。

簡單來說 GHZ 態與貝爾不等式的違背更大，以下用一個簡單的謎題來解釋：想像有 3 個獨立的盒子、每個盒子裡面有兩個變數 X、Y，每個變數有兩個可能的結果 1 和 -1。我們的問題是找到可滿足下列等式的 X 和 Y 值：

(1)　XYY = 1

(2)　YXY = 1

(3)　YYX = 1

(4)　XXX = -1

讀者如果沒耐心，這裡直接給答案：無解。例如把 (1)、(2)、(3) 的 Y 用 1 代入然後把它們相乘，也就是 (5) = (1) * (2) * (3)，則這組式子變成：

(1)　X11 = 1

(2)　1X1 = 1

(3)　11X = 1

(4)　XXX = -1

(5)　(1)、(2)、(3) 相乘得到 XXX = 1

(4) XXX = -1、(5) XXX = 1 互相矛盾，所以無解。令人感到恐怖的是，GHZ 態確實能提供問題的解—以古典現實的角度來看似乎是不可能的。但量子力學的世界只有不太可能發生，但卻沒有不可能。

令人難以置信的是，GHZ 態只需一輪實驗，便能篤定地排除區域現實的描述。不過讓我們先來建構一個 GHZ 的基底態。

- 要測量 X，在相應量子位元套用 H 閘。

- 對每個 Y，在相應量子位元套用 S†（S-劍號）及 H 閘。

最後把前述實驗的結果跟 IBM Q Experience 的正式資料比較[3]。你的結果如何？總而言之，此節展示的量子力學原理接著又被一個似乎又讓人看到出路、被稱為超級決定論的理論挑戰。

超級決定論：擺脫怪異的方法—愛因斯坦一直是對的嗎？

1969 年在一次 BBC 的訪談中，物理學家貝爾談到他在量子力學的研究。他提到我們必須接受糾纏粒子間的作用能以快於光速傳遞的預測，不過同時間我們卻不能拿它來做任何事。資訊傳遞沒辦法比光快，這也是量子力學的預測，就好像大自然跟我們開個玩笑一樣。他也提及所謂的超級決定性原理，可能是這道謎題的一個出路。

粒子的糾纏暗示：針對其中一個粒子的測量，會立即影響另一個—即使彼此相距甚遠（比如像在銀河或宇宙的兩端），或甚至跨越不同時間。愛因斯坦非常反對此項理論，在其寫給波耳的著名書信中提及上帝不擲骰子便可得知。他沒辦法接受量子力學的機率本質，所以在 1935 年跟同事 Podolsky 和 Rosen 提出無人不知的 EPR 悖論，來挑戰量子力學。EPR 悖論中，如果兩個糾纏粒子相距甚遠，則對其中一個粒子的測量不可能立即影響另一個。不然的話，此事件就必須以快於光速（宇宙中最終的速度限制）的速度傳遞。這不但違反廣義相對論，還創造了一個悖論：沒有東西能比光速快—這可是相對論的絕對定律。

---

[3]　GHZ 態實驗可參考 https://quantumexperience.ng.bluemix.net/proxy/tutorial/full-user-guide/003-Multiple_Qubits_Gates_and_Entangled_States/003-GHZ_States.html。

　　但是在 1982 年，量子力學的預測得到法國物理學家 Alain Aspect 的確認。他設計了一個實驗，顯示糾纏光子違反了貝爾不等式。他也證明如果測量其中一個糾纏光子，此測量事件能以快於光速的速度，將其狀態通知另一個光子。此後，Aspect 的實驗一再被重複驗證為真（詳情請見第 1 章）。令人感到諷刺的是，愛因斯坦有可能一直都是對的，並且糾纏只是一種幻覺。這就是超級決定論原理。

TIP　　簡單來說，超級決定論認為自由選擇從宇宙一開始就不存在。所有粒子的相關性及糾纏，在宇宙誕生的大爆炸時就已經建立，所以不需要比光快的訊號來告訴 B 粒子有關於 A 粒子的結果會是什麼。

　　如果上述為真，則此漏洞將證明愛因斯坦的 EPR 悖論是對的，且所有關於量子程式的努力只是幻覺。不過這種原理更像是宗教教條（一切皆由命運決定）而不是科學，因此貝爾認為超級決定論令人難以接受—其推論是：選擇自由是因為大量微小效應的變動，所以對眼前的目標來說，它實質上就是自由的。超級決定論被認為無法測試，因為實驗永遠沒有辦法消除宇宙誕生之初就已被建立的相關性。但是仍有科學家嘗試去證明愛因斯坦是對的，以及粒子的糾纏只不過是個幻覺。事實上有個頗有創造性的實驗花了很多心思，想要釐清事實的真相。讓我們來檢視細節。

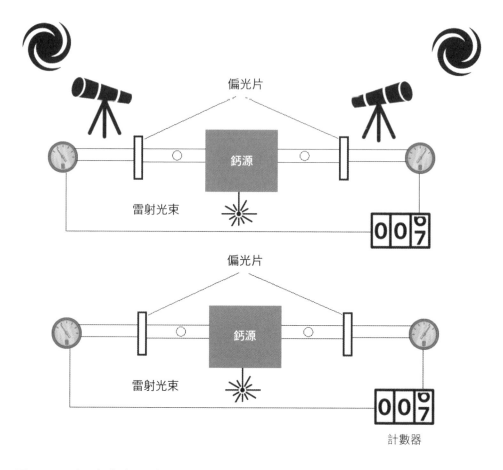

圖 3-5　利用宇宙光子以及相較於標準測試的貝爾不等式實驗

　　圖 3-5 顯示 Andrew Friedman 及 MIT 同事進行的標準（下面）、以及利用宇宙光子（上面）的貝爾不等式實驗[4]。

---

[4]　Jason Gallicchio，Andrew S. Friedman，以及 David I. Kaiser。「以宇宙光子測試貝爾不等式：關閉與設定無關的漏洞」。可從http://web.mit.edu/asf/www/Papers/Gallicchio_Friedman_Kaiser_2014.pdf線上查閱。

TIP 貝爾不等式測試的完整描述請見第 1 章的「EPR 悖論落敗：笑到最後的人是波耳」。

Friedman 及同事，利用宇宙射線對標準貝爾實驗進行新奇的更動。其想法是利用銀河系遠方星球、遠方類星體、宇宙微波背景補綴的即時天文觀察，讓宇宙決定如何設定實驗，而非利用標準的量子隨機數產生器。也就是說，在糾纏光子正要到達偏光鏡時，利用從遠方星系來的光子控制偏光鏡的方向。

如果實驗成功，其涵義可謂極具開創性。如果實驗不違背貝爾不等式，可能表示超級決定論是真的。粒子糾纏將變成是幻影，粒子之間的信號傳遞也不能快過光速，如相對論所預測的那般。愛因斯坦將被證明是對的，而且也沒有鬼魅式的遠距作用。

好險—對我們這些量子力學迷來說，目前這樣的情況還沒有發生。不過 Friedman 團隊不是唯一一個行動的團隊，有好幾組團隊也在嘗試解開謎題。事實上，大部分的結果都符合量子力學；也就是說，都違背了貝爾不等式。所以似乎很久以前，由於愛因斯坦與波耳在相對論與量子力學的爭論所產生的裂痕，仍活得好好的。我還是押寶在量子力學。接著我們在下一節示範利用靈活的 REST API 來遠端存取 IBM Q Experience。

利用 REST API 遠端存取

Q Experience 有個相對少人知道的 REST API，能在背景處理所有的遠端通信。目前的 Python SDK 對其加以利用：

- *QISKit*：量子資訊軟體套件是以 Python 進行量子程式設計時，實際使用的存取工具。

- *IBMQExperience*：這是比較少人知道、與 QISKit 綁定的程式庫，它把 REST API 包在一個 Python 客戶端程式。

本節將一探 IBMQExperience，並檢視遠端存取時用到的各種 REST 端點。但首先得先進行認證。

認證

要執行任何 REST API 呼叫，得先獲取存取通證，這將是本節執行任何呼叫所需的存取密鑰。注意存取通證與 API 通證不同（API 通證用在執行 Python 量子程式）。得到存取通證的方法有兩種：

- 使用 *API* 通證：要獲得 API 通證，登入 IBM Q Experience 控制台，再依下一節的指令進行。

- 使用帳號名稱及密碼：以下示範如何利用 REST 來完成。

TIP　要得到 API 通證，登入 IBM Q Experience 控制台，點選你的用戶名稱
▶ *My Account*，接著點選右上方的 *Advanced* 頁籤。最後點擊 *Generate*，接著是 *Copy API Token*（圖 3-6）。請小心保護通證的安全。

圖 3-6　從控制台取得 API 通證

透過 API 通證認證

- HTTP 方法：POST

- URL：https://quantumexperience.ng.bluemix.net/api/users/
loginWithToken

- 籌載：{"apiToken":"YOUR_API_TOKEN"}

透過使用者-密碼認證

- HTTP 方法：POST

- URL：https://quantumexperience.ng.bluemix.net/api/users/login

- 籌載：{"email":"USER-NAME","password":"YOUR-PASSWORD"}

兩種方法得到的回應是

```
{
  "id": "ACCESS_TOKEN",
  "ttl": 1209600,
  "created": "2018-04-15T20:21:03.204Z",
  "userId": "USER-ID"
}
```

其中 *id* 是你的存取通證，*ttl* 是多少時間後（以毫秒為單位）失效，*userId* 是你的用戶名稱。請將存取通證及用戶名稱保存，好在本節使用。注意如果本次活動時程過期失效了，就必須再產生新的存取通證。

列出可供使用的後台

此呼叫傳回 JSON 格式、所有可供使用的 IBM Q Experience 之後台及模擬器：

- HTTP 方法：GET

- URL：https://quantumexperience.ng.bluemix.net/api/Backends?
access_token=ACESS-TOKEN

103

請求參數

參數名	值
access_token	帳戶的存取通證

HTTP 標頭

參數名	值
x-qx-client-application	預設為 qiskit-api-py

回應範例

所有 API 呼叫回應的內容型態是 application/json，下面段落顯示呼叫此端點回傳的部分結果。注意此端點回傳了真實的處理器以及模擬器等資訊。

```
[{
    "name": "ibmqx2",
    "version": "1",
    "status": "on",
    "serialNumber": "Real5Qv2",
    "description": "5 transmon bowtie",
    "basisGates": "u1,u2,u3,cx,id",
    "onlineDate": "2017-01-10T12:00:00.000Z",
    "chipName": "Sparrow",
    "id": "28147a578bdc88ec8087af46ede526e1",
    "topologyId": "250e969c6b9e68aa2a045ffbceb3ac33",
    "url": "https://ibm.biz/qiskit-ibmqx2",
    "simulator": false,
    "nQubits": 5,
    "couplingMap": [
            [0, 1],
            [0, 2],
            [1, 2],
```

```
        [3, 2],
        [3, 4],
        [4, 2]
    ]
},..]
```

前面回應的最重要的幾個鍵（key）在表 3-8 中描述。

表 3-8　看得到的後台回應鍵

鍵	描述
Name	執行程式使用的處理器名稱。
Version	可能用來追蹤處理器變動的一串字串或正整數。
Description	可能是打造晶片使用的硬體之描述。可能看到這樣的內容： • 5 超導位元、蝶形領結狀 • 16 超導位元、2x8 梯狀 注意：超導位元（transmon）是種抗雜訊的超導電荷量子位元。它是由耶魯大學的 Robert J. Schoelkopf、Michel Devoret、Steven M. Girvin 及同事於 2007 年發展[5]。
basisGates	處理器的實體量子位元閘—更複雜的邏輯閘乃以這些閘為基礎打造的。
nQubits	處理器的量子位元數目。
couplingMap	耦合圖定義了在保持量子相干的情形下，個別量子位元之間的交互作用。它被用來簡化量子電路，也讓系統得以分解成較小單位。

[5]　J. Koch 等，「以 Cooper 對盒箱為基礎、電荷不敏感的量子位元設計」，Phys. Rev.A 76，04319 (2007)，doi:10.1103/PhysRevA.76.042319，arXiv:0703002。

讀取特定處理器的校準資訊

此呼叫傳回 JSON 格式、特定處理器的校準參數列表。這些參數詳細記錄在 IBMQX 後台資訊網站上[6]。

- HTTP 方法：GET

- URL：https://quantumexperience.ng.bluemix.net/api/Backends/ NAME/calibration?access_token=ACCESS-TOKEN

請求參數

參數名	值
access_token	帳戶的存取通證

HTTP 標頭

參數名	值
x-qx-client-application	預設為 qiskit-api-py（正式的客戶端預設值，不過我懷疑可能什麼都行）。

回應範例

量子位元對錯誤和環境雜訊很敏感，校準資訊給予了處理器之量子位元品質的概括資訊。列表 3-2 是 ibmqx4 校準參數的簡化版回應。其中最重要的一些參數包括：

- gateError：這是量子位元閘在某個時間的錯誤率。

- readoutError：這是量子位元閘在某個時間的讀出操作錯誤率。

---

[6]　ibmqx 之後台資訊請見 https://github.com/Qiskit/ibmq-device-information/ tree/master/backends。

TIP 量子位元的品質評估牽涉到四個階段（運算）：製備、記憶、閘運算、讀出。錯誤率是在閘運算和讀出階段進行計算，以追蹤量子位元的品質。這是此項 API 呼叫傳回的資訊。注意在使用過後，量子位元必須重置（冷卻）回到基底態。

列表 3-2　ibmqx4 校準參數的簡化版回應

```
{
    "lastUpdateDate": "2018-04-15T10:47:03.000Z",
    "qubits": [{
        "gateError": {
            "date": "2018-04-15T10:47:03Z",
            "value": 0.0012019552727863259
        },
        "name": "Q0",
        "readoutError": {
            "date": "2018-04-15T10:47:03Z",
            "value": 0.049
        }
    }, ...
],
    "multiQubitGates": [{
        "qubits": [1, 0],
        "type": "CX",
        "gateError": {
            "date": "2018-04-15T10:47:03Z",
            "value": 0.03024023736391171
        },
        "name": "CX1_0"
    },...
]}
```

　　列表 3-2 的資訊也可以從 IBM Q Experience 控制台主選單的 *Devices* 頁面看到（圖 3-7）。透過 REST 得到校準資訊，再跟網站控制台的資訊比較看看（重印自 IBM 網站）。

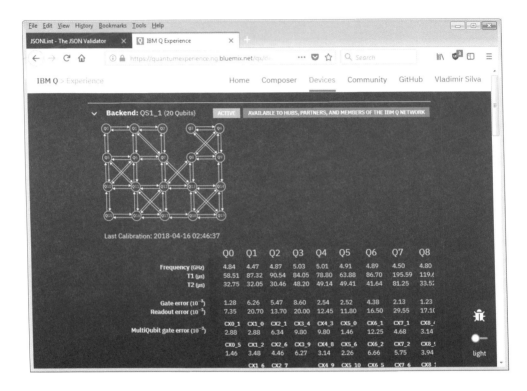

圖 3-7　網站控制台回報的校準資訊

讀取後台參數

此呼叫傳回 Q Experience 上特定處理器後台參數的 JSON 列表。其中一些參數包括：

- 量子位元冷卻的絕對溫標。例如，ibmqx4 是 0.021K，也就是超冷的 -459.6°F 或 -273.1°C。

- 以奈秒為單位的緩衝時間。

- 以奈秒為單位的閘時間。

- 詳細記錄在後台資訊網站的其他量子相關規格[7]。

請求型態及端點的 URL 如下：

- HTTP 方法：GET

- URL：https://quantumexperience.ng.bluemix.net/api/Backends/
  NAME/parameters?access_token=ACCESS-TOKEN

請求參數

參數名	值
access_token	帳戶的存取通證

HTTP 標頭

參數名	值
x-qx-client-application	預設為 qiskit-api-py

回應範例

列表 3-3 顯示 JSON 格式之 ibmqx4 參數的簡化版回應。

列表 3-3　ibmqx4 參數簡化版回應

```
{
    "lastUpdateDate": "2018-04-15T10:47:03.000Z",
    "fridgeParameters": {
        "cooldownDate": "2017-09-07",
        "Temperature": {
            "date": "2018-04-15T10:47:03Z",
```

---

[7] IBM Q Experience 後台資訊可從 https://github.com/Qiskit/ibmq-device-
information 線上讀取。

```
                "value": 0.021,
                "unit": "K"
            }
        },
        "qubits": [{
            "name": "Q0",
            "buffer": {
                "date": "2018-04-15T10:47:03Z",
                "value": 10,
                "unit": "ns"
            },
            "gateTime": {
                "date": "2018-04-15T10:47:03Z",
                "value": 50,
                "unit": "ns"
            },
            "T2": {
                "date": "2018-04-15T10:47:03Z",
                "value": 16.5,
                "unit": "µs"
            },
            "T1": {
                "date": "2018-04-15T10:47:03Z",
                "value": 45.2,
                "unit": "µs"
            },
            "frequency": {
                "date": "2018-04-15T10:47:03Z",
                "value": 5.24208,
                "unit": "GHz"
            }
        },..]
```

讀取處理器佇列的狀態

此呼叫傳回特定量子處理器之事件佇列的狀態：

- HTTP 方法：GET
- URL：https://quantumexperience.ng.bluemix.net/api/Backends/ NAME/queue/status

請求參數

這個 API 呼叫似乎不要求存取通證，有點奇怪。

HTTP 標頭

參數名	值
x-qx-client-application	預設為 qiskit-api-py

回應範例

例如想要知道 ibmqx4 的事件佇列，把下列 URL 貼到瀏覽器：

https://quantumexperience.ng.bluemix.net/api/Backends/ibmqx4/queue/status

回應看起來像{"state":true,"status":"active","lengthQueue":0}，其中：

- state：處理器狀態，如在線上則為真，否則為偽。
- status：執行佇列狀態：活躍或者忙碌中。
- lengthQueue：執行佇列之大小，或是等待執行之模擬的數目。

TIP　　當提交實驗給 IBM Q Experience 後，便會被置入執行佇列。此 API 呼叫在監控給定時間下的處理器忙碌狀況很有用。

列出位於執行佇列的工作

此呼叫傳回處理器執行佇列裡面的工作列表。

- HTTP 方法：GET

- URL：https://quantumexperience.ng.bluemix.net/api/Jobs?
  access_token=ACCESS-TOKEN&filter=FILTER

請求參數

參數名	值
access_token	帳戶的存取通證
filter	以 JSON 格式表達之結果大小。例如，{"limit":2} 將回傳最多兩筆資料

HTTP 標頭

參數名	值
x-qx-client-application	預設為 qiskit-api-py

回應範例

列表 3-4 顯示此呼叫的回應格式。這些資訊類似實驗執行之歷史紀錄，包括狀態、日期、結果、程式、校準等等。

列表 3-4　讀取工作佇列 API 呼叫的簡化版回應

```
[{
    "qasms": [{
        "qasm": "...",
        "status": "DONE",
        "executionId": "331f15a5eed1a4f72aa2fb4d96c75380",
        "result": {
```

```
                "date": "2018-04-05T14:25:37.948Z",
                "data": {
                    "creg_labels": "c[5]",
                    "additionalData": {
                        "seed": 348582688
                    },
                    "time": 0.0166247,
                    "counts": {
                        "11100": 754,
                        "01100": 270
                    }
                }
            }
        }],
        "shots": 1024,
        "backend": {
            "name": "ibmqx_qasm_simulator"
        },
        "status": "COMPLETED",
        "maxCredits": 3,
        "usedCredits": 0,
        "creationDate": "2018-04-05T14:25:37.597Z",
        "deleted": false,
        "id": "d405c5829274d0ee49b190205796df87",
        "userId": "ef072577bd26831c59ddb212467821db",
        "calibration": {}
}, ...]
```

NOTE 依據執行佇列中的工作數量多少，可能在佇列中沒有工作時得到一個空的結果（[]）、或是像列表 3-4 較為正式的結果。不管是哪種情況，請確認 HTTP 的回應碼是 200（OK）。

讀取帳戶的信用點數資訊

帳號建立時，每個用戶都有 15 個預設的執行點數，用來執行實驗。此呼叫列出現有的點數資訊：

- HTTP 方法：GET

- URL：https://quantumexperience.ng.bluemix.net/api/users/
  USER-ID?access_token=ACCESS-TOKEN

TIP　透過 API 通證或使用者-密碼等方法，都可以從認證回應中得到用戶名稱（user id）資訊。詳情請見「認證」一節。

請求參數

參數名	值
access_token	帳戶的存取通證

HTTP 標頭

參數名	值
x-qx-client-application	預設為 qiskit-api-py

回應範例

列表 3-5 展示此呼叫的樣本回應。

列表 3-5　點數資訊樣本回應

```
{
    "institution": "Private Research",
    "status": "Registered",
```

```
    "blocked": "None",
    "dpl": {
        "blocked": false,
        "checked": false,
        "wordsFound": {},
        "results": {}
    },
    "credit": {
        "promotional": 0,
        "remaining": 150,
        "promotionalCodesUsed": [],
        "lastRefill": "2018-04-12T14:05:09.136Z",
        "maxUserType": 150
    },
    "additionalData": {
    },
    "creationDate": "2018-04-01T15:36:16.344Z",
    "username": "",
    "email": "",
    "emailVerified": true,
    "id": "",
    "userTypeId": "...",
    "firstName": "...",
    "lastName": "..."
}
```

列出使用者的實驗

此呼叫列出給定用戶名稱底下的所有實驗。

- HTTP 方法：GET

- URL：https://quantumexperience.ng.bluemix.net/api/users/
  USER-ID/codes/lastest?access_token=ACCESS-TOKEN&includeExecutions
  =true

請求參數

參數名	值
USER-ID	認證步驟得到的用戶名稱
access_token	帳戶的存取通證
includeExecutions	如果為真，在結果中也將包含執行的細節

HTTP 標頭

參數名	值
x-qx-client-application	預設為 qiskit-api-py

回應範例

列表 3-6 顯示此呼叫的回應範例。

列表 3-6　實驗列表回應

```
{
  "total": 17,
  "count": 17,
  "codes": [{
    "type": "Algorithm",
    "active": true,
    "versionId": 1,
    "idCode": "...",
    "name": "3Q GHZ State YXY-Measurement 1",
    "jsonQASM": {
      ...
    },
    "qasm": "",
    "codeType": "QASM2",
```

```
    "creationDate": "2018-04-14T19:09:51.382Z",
    "deleted": false,
    "orderDate": 1523733740504,
    "userDeleted": false,
    "displayUrls": {
      "png": "URL"
    },
    "isPublic": false,
    "id": "...",
    "userId": "..."
}]}
```

執行實驗

此呼叫在 IBM Q Experience 以遠端方式執行實驗。

- HTTP 方法：POST

- URL：https://quantumexperience.ng.bluemix.net/api/codes/
  execute?access_token=ACCESS-TOKEN&shots=SHOTS&deviceRunType=RU
  N-TYPE

請求參數

參數名	值
Shots	執行次數—此值越高，結果準確性越好。注意每執行 1024 次需要耗費 3 個點數。量子世界的位子可是很寶貴的。
access_token	帳戶的存取通證。
deviceRunType	實際執行實驗的裝置，有可能是 • 實際裝置名稱，如 ibmqx2、ibmqx3 等實際處理器。 • 模擬器：simulator 或 sim_trivial_2。
seed（選擇性的）	一個額外的隨機數，只在模擬器情況下才需要。

117

HTTP 標頭

參數名	值
x-qx-client-application	預設為 qiskit-api-py
Content-Type	application/json

酬載格式

請求的主體是一個 JSON 文件，用來描述以下片段的實驗：

```
{
  "name": "Experiment NAME",
  "codeType": "QASM2",
  "qasm": "CODE"
}
```

回應範例

這可能是最重要的 API 呼叫了。作為練習，我們拿前面章節的一個貝爾態，利用 REST API 在模擬器和實際裝置上跑看看。

列表 3-7　貝爾態 XW 測量

```
IBMQASM 2.0;
include "qelib1.inc";

qreg q[2];
creg c[2];

h q[0];
cx q[0],q[1];
h q[0];
s q[1];
h q[1];
```

```
t q[1];
h q[1];
measure q[0] -> c[0];
measure q[1] -> c[1];
```

列表 3-7 顯示先前章節中、從網路控制台執行的一個貝爾態（XW）實驗的組合語言程式。利用這段程式碼，以及下面形式的 JSON 酬載：{"name": "NAME", "codeType":"QASM2", "qasm": "ONE-LINE-QASM"}。注意必須給個實驗名稱，且 QASM 程式碼必須格式化成以單一一行（包含換行 \n）。所以最後的酬載變成

```
{"name": "REST Bell State XW", "codeType": "QASM2", "qasm": "IBMQASM 2.0;\
ninclude \"qelib1.inc\";\nqreg q[2];\ncreg c[2];\nh q[0];\ncx q[0],q[1];\nh
q[0];\ns q[1];\nh q[1];\nt q[1];\nh q[1];\nmeasure q[0] -> c[0];\nmeasure
q[1] -> c[1];"}
```

現在已經準備好透過 REST 提交實驗，別忘了要先經過認證才能得到存取通證。

TIP　幾乎所有瀏覽器都有 REST 客戶端可供使用。安裝喜歡的瀏覽器 REST 客戶端，且依照「認證」一節的描述建立一個認證請求。記得把它存在方便存取的地方，隨時可以拿出來使用以獲得存取通證。

這裡使用 Chrome 的 YARC（Yet Another REST Client），來把酬載先提交給模擬器，再提交給實際裝置（圖 3-8）。

圖 3-8　Chrome 的 YARC REST 客戶端以及貝爾態 XW 實驗的酬載

提交給模擬器

利用下列的請求參數提交實驗給模擬器：

access_token=ACESS_TOKEN&shots=1&deviceRunType=**simulator**

　　請確認回應碼是 200（OK），並檢視回應內容，確認實驗已經記錄在 Q Experience 控制台（圖 3-9）。

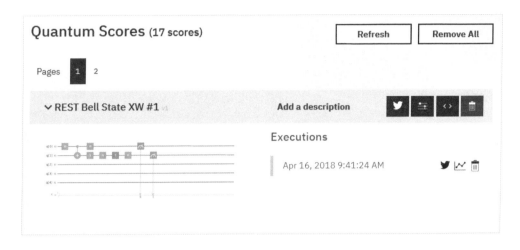

圖 3-9　網站控制台顯示了透過 REST 提交的貝爾態 XW 實驗

提交給實際裝置

將請求參數修改如下，以提交給實際裝置（此例是 ibmqx4）：

```
access_token=ACESS_TOKEN &shots=1&deviceRunType=ibmqx4
```

NOTE　實際的量子裝置可能因為維修或其他原因而下線。在此情形下，提交程序會失敗並傳回 HTTP 回應碼 400（不良請求）。請在提交實驗到實際量子裝置前，先確認該裝置處於上線狀態。

如果一切過程無誤，上傳的工作會被放到執行佇列、並且記錄在網站控制台。列表 3-8 顯示提交給實際裝置之後，得到狀態為 PENDING_IN_QUEUE 的結果。

列表 3-8　透過 REST 提交之貝爾態 XW 實驗的簡化版 HTTP 回應

```
{
  "startDate": "2018-04-16T13:05:43.440Z",
  "modificationDate": 1523883943441,
  "typeCredits": "plan",
"status": {
```

```
    "id": "WORKING_IN_PROGRESS"
  },
  "deviceRunType": "real",
  "ip": {
    "ip": "...",
    "city": "Raleigh",
    "country": "United States",
    "continent": "North America"
  },
  "shots": 1,
  "paramsCustomize": {},
  "deleted": false,
  "userDeleted": false,
  "id": "...",
  "codeId": "...",
  "userId": "...",
  "infoQueue": {
    "status": "PENDING_IN_QUEUE",
    "position": 21,
    "estimatedTimeInQueue": 735
  },
  "code": {
    "type": "Algorithm",
    "active": true,
    "versionId": 1,
    "idCode": "...",
    "name": "REST Bell State XW #1",
    "jsonQASM": {
      ...
      "numberGates": 7,
      "hasMeasures": true,
      "numberColumns": 11,
      "include": "include \"qelib1.inc\";"
    },
      "qasm": "...",
      "codeType": "QASM2",
```

```
"creationDate": "2018-04-16T13:05:42.547Z",
"deleted": false,
"orderDate": 1523883943351,
"userDeleted": false,
"isPublic": false,
"id": "...",
"userId": "..."
}
}
```

到此為止，我們已經成功地透過 REST 提交第一個實驗了。讀者可以嘗試增加實驗的執行次數，以提升準確度。

執行工作

此呼叫跟前一個執行實驗很類似，但是其特色在有兩個端點：

- **端點 1**：給 IBM Q Experience 的一般使用者使用。

- **端點 2**：給公司客戶使用，需要提供中心、群組、計畫等用戶資訊才行。

公司客戶有優先存取權，以及使用更有威力的 20 量子位元、或傳言 2018 年年底前上線的 50 量子位元處理器的權利。

- HTTP 方法：POST

- URL 1：（5/16 量子位元）https://quantumexperience.ng.bluemix. net/api/Jobs?access_token=ACCESS-TOKEN

- URL 2：（20+ 量子位元，公司客戶）https://quantumexperience.ng. bluemix.net/api/Network/HUB/Groups/GROUP/Projects/PROJECT/jobs ?access_token=ACCESS-TOKEN

請求參數

參數名	值
access_token	帳戶的存取通證

HTTP 標頭

參數名	值
x-qx-client-application	預設為 qiskit-api-py
Content-Type	application/json

酬載格式

酬載格式內嵌所有的執行參數：後台名稱、執行次數、程式碼，這些都被包在單一 JSON 文件中，如下片段所示：

```
{
  "backend": {
    "name": "simulator"
  },
  "shots": 1,
  "qasms": [{
    "qasm": "qams"
  }, ...]
}
```

TIP　利用「執行工作」端點提交的實驗不會記錄顯示在作曲家的樂曲部分，但是仍會被放在執行佇列處理。

　　另一方面來說，從「執行實驗」端點提交的實驗會記錄在作曲家中。同時請注意：任何提交給模擬器的實驗會立刻傳回結果，可是提交給實際量子裝置的實驗總會以等待（PENDING）狀態進入執行佇列。等實驗結束的時候，作為通知的電子郵件會發送給使用者。現在讓我們快速送個工作給實際裝置 ibmqx4。將下列端點貼到你的 REST 客戶端：

```
https://quantumexperience.ng.bluemix.net/api/Jobs?access_token=access_token
```

　　如前節描述把 HTTP 方法設為 POST，並設定好存取通證、標頭。利用下面的 JSON 酬載：

```
{
"qasms": [{
  "qasm": "\n\ninclude \"qelib1.inc\";\nqreg q[5];\ncreg c[5];\nu2(-4*pi/
  3,2*pi) q[0];\nu2(-3*pi/2,2*pi) q[0];\nu3(-pi,0,-pi) q[0];\nu3(-pi,0,
  -pi/2) q[0];\nu2(pi,-pi/2) q[0];\nu3(-pi,0,-pi/2) q[0];\nmeasure q -> c;\n" }],
  "shots": 1024,
  "backend": {
   "name": "ibmqx4"
  },
  "maxCredits": 3
}
```

　　前面的酬載能提交一個隨意的實驗給實際裝置 ibmqx4。提交前先確認裝置是否上線，不然就使用模擬器。也必須確認，包含換行的 QASM 程式碼都寫成同一行。注意雙引號也需要逸出（escape）處理。如果提交失敗，可能是因為裝置下線，或是 QASM 酬載無效─請再三確認其是否正確。這裡得到的回應顯示任務正在執行中：

```
{
  "qasms": [
    {
      "qasm": "...",
      "status": "WORKING_IN_PROGRESS",
      "executionId": "5ba6955fd867ef0046615172"
    }
  ],
```

```
"shots": 1024,
"backend": {
  "id": "5ae875670f020500393162b3",
  "name": "ibmqx4"
},
"status": "RUNNING",
"maxCredits": 3,
"usedCredits": 3,
"creationDate": "2018-09-22T19:17:51.448Z",
"id": "5ba6955fd867ef0046615171",
"userId": "5ae875060f0205003931559a",
"infoQueue": {
  "status": "PENDING_IN_QUEUE",
  "position": 11
  }
}
```

注意此工作未顯示在作曲家，但仍會收到一封連結到執行結果的電子郵件。

讀取 API 版本資訊

傳回 Q Experience REST API 的版本資訊。

- HTTP 方法：GET

- URL：https://quantumexperience.ng.bluemix.net/api/version? access_token=ACCESS-TOKEN

請求參數

參數名	值
access_token	帳戶的存取通證

HTTP 標頭

參數名	值
x-qx-client-application	預設為 qiskit-api-py

回應格式

回應是一串 API 版本的字串—在本書寫作時它是 6.4.8。

　　既然已經一窺 Python IBMQuantumExperience REST API 背後的運作，現在讓我們來做個練習，打造一個客製化的 Node JS 客戶端。做法如下。

為 IBMQuantumExperience 打造的 Node JS 客戶端程式

本節提供一個簡單的練習，模仿 Python SDK 套件的其中一項元件、即所謂的 QISKit（量子資訊軟體套件）。下一章會更詳細探討 Python SDK 套件，但首先得說明該套件乃以兩個基本程式庫為基礎打造：

- IBMQuantumExperience：這是以 Python 實作的 REST 客戶端，我把它拿來一探究竟才得以在前一節介紹 REST API。此程式庫文件不夠清楚，但考慮它是可能還會被修改的模組化程式庫，這樣倒也合理。

- QISKit SDK：這是所有量子程式的主要進入點。裡面包含有閘邏輯、組合語言翻譯、模擬器、本地 Python 模擬器、快速 C++模擬器等等。此程式庫也會在透過 REST 與 IBM Q Experience 平台的各種互動中，呼叫 IBMQuantumExperience。

　　Python 是很棒的語言，但現在 Node JS 在資料中心很夯，所以本節提出一個 Node JS 的簡單 REST API 實作。這會是個很有用的程式庫，理由如下：

- Node JS 驅使網路 I/O 非同步呼叫得以實現。它不但快，也是 REST 客戶端的完美平台。

127

- Python 是個好語言，還有很多很棒的數值、數學、圖形程式庫。不過也有些讓某些人不太喜歡的特性，例如縮排在 Python 有其作用（不能混用空白及跳位（TABS），而且也不能用括號區分邏輯區塊）。一開始我不太習慣，也花了好一會兒才把它搞清楚。因為幾乎所有程式語言都用括號來分辨邏輯區塊，但在 Python 裡面卻不是這樣，而必須使用空白或跳位，而且不能混用。我不喜歡這樣的做法，並且認為是糟糕的設計。因為如果不小心犯錯，卻無法知道邏輯區塊在哪兒結束。而括號的用處就在這裡。

- 多樣性是件好事：說完 Python 的不便之處後，我認為這個程式庫可以充當類似 Node JS QISKit 複製品的基礎。

讓我們開始吧！

打造 IBMQuantumExperience 的 Node 模組

我盡量讓名字跟 Python 版本接近。要建立 Node JS 模組，請建立一個名為 IBMQuantumExperience 的目錄，接著用下列命令初始化 Node JS：

```
$ mkdir IBMQuantumExperience
$ cd IBMQuantumExperience
$ npm init
```

TIP　Linux 用戶注意：本節以 Windows 做範例。此外，筆者假設讀者已經安裝 Node JS 也熟悉 Node 模組，而且還會寫 Javascript 程式。總之，你可以在 https://nodejs.org/en/ 下載各平台的安裝程式。也請注意大寫的套件名稱在 Liunx 會有些問題。所以為避免麻煩，請用 Windows 測試本節的範例。

Node 有個稱為 npm 的套件管理程式（跟 Python 的 pip 差不多一樣的東西），用來初始化模組。至於第三個命令會在當前的目錄下建立兩個檔案：

- index.js：這是你的模組程式。有些 Linux 不產生此檔案，遇到這種情況請手動建立檔案。

- Package.json：這裡存放模組的描述資訊，例如名字、版本、作者、相依關係等等。

在目前位置建立一個存放單元測試的測試（test）目錄，再安裝強大的 Node rest 客戶端 *request*：

```
$mkdir test
$ npm install request
```

第二個命令會在目前目錄安裝廣受歡迎的 HTTP 請求套件，及其依賴的所有套件。現在已經準備好實作前一節的 REST API 了。在編輯器打開 index.js，讓我們開始吧！

將 API 的方法匯出

要透過 Node 讓 API 公開，得使用列表 3-9 的 module.exports 程式庫。注意這只是程式庫實作的一部分，下面幾節會把這些片段組合起來。然而，完整的實作可參見原始碼（位於 Workspace\Ch03\IBMQuantumExperience）。經過說明後，讀者應可以將這些列表複製黏貼到 index.js。再次強調，這裡假設讀者已經熟悉 Node JS 的模組實作。

列表 3-9 透過 Node 開放公用 API 方法

```
const log = require('./log'); // 簡單的客製紀錄程式庫（參見「偵錯及測試」一節）
const request = require('request');

// …
Module.exports = {
  init: function (cfg) {
    _config = cfg;
    var debug = _config.debug ? _config.debug : false;
    log.init (debug);
    return loginWithToken ();
  },
```

```
getCalibration : calibration,
getBackends    : backends,
getParameters  : parameters,
runExperiment  : experiment
// 留做練習 getJobs      : jobs,
// 留做練習 getMyCredits : credits
}
```

列表 3-9 使用 require 關鍵字匯入外部程式庫：

- 第二行匯入的 *request* HTTP 客戶端程式庫，用來跟 Q Experience 互動。

- 第五行宣告此模組開放的公用方法：

  - init：此方法負責 Q Experience 平台的認證，詳情參見「利用 REST API 遠端存取」一節的說明。

  - getCalibration：傳回平台某裝置的校準參數。

  - getBackends：傳回可供使用的量子裝置及模擬器列表。

  - getParameters：傳回作曲家網站控制台 Devices 段落下方的裝置參數。

  - runExperiment：從遠端在模擬器或實際量子裝置上執行實驗。

  - getJobs：傳回實驗執行佇列的現有工作列表。

  - getMyCredits：傳回用戶執行點數及其他有用的資訊。

使用通證進行認證

在認證前，程式庫利用一個用來設定的 JSON 物件（內含平台 URL、API 通證等等）來初始化，就跟在 Python 一樣。例如，這是我們測試讀取後台資訊 REST API 呼叫的作法（取自 test.js）：

```
// 需要同一目錄下的 `index.js` 檔案
const qx = require('index.js');
// API 通證放在此
var config = { APItoken: 'YOUR_API_TOKEN'
  , debug : true
  , 'url' : 'https://quantumexperience.ng.bluemix.net/api'
  , 'hub' : 'MY_HUB'
  , 'group' : 'MY_GROUP'
  , 'project' : 'MY_PROJECT'
}
// 讀取後台資訊
async function testBackends() {
  await qx.init(config);
  var result = await qx.getBackends();
  console.log("---- BACKENDS ----\n" + JSON.stringify(result) + "\n-----" );
}
```

　　請記得中心、群組、及計劃都是公司客戶才用得到的參數，所以在此不對其進行實作，但要支援這項功能也不難。一旦初始化之後，只要使用在 REST API 描述過的通證，提交一個 POST 請求來登入系統（列表 3-10）。注意這段程式碼，以及這幾節的所有列表，最後都歸結進入 index.js 檔案。

列表 3-10　透過 REST 進行通證認證

```
function loginWithToken () {
  let options = {
    url: _config.url + '/users/loginWithToken',
    form: {'apiToken': _config.APItoken}
  };

    return new Promise(function(resolve, reject) {
      // 執行非同步工作
      // {"id":"Access tok","ttl":1209600,"created":"2018-04-17T23:
          30:21.089Z","userId":"userid"}
      request.post(options, function(err, res, body) {
          if (err) {
```

```
                reject(err);
            }
        else {
            var json      = JSON.parse(body);
            _accessToken = json.id;
            _userId       = json.userId;
            log.debug("Got User:" + _userId + " Tok:" + _accessToken);
            resolve(JSON.parse(body));
        }
    });
  })
}
```

在列表 3-10：

- request.post 系 統 呼 叫 用 來 傳 送 一 個　HTTP　POST　給 端 點 https://quantumexperience.ng.bluemix.net/api/users/loginWithToken，其中使用的　JSON　酬載是{'apiToken':'YOUR_TOKEN' }。依照 REST　API　的 描 述 ， 此 呼 叫 傳 回 一 個 新 的　JSON　文 件： {"id":"TOKEN","ttl":1209600,"created":"DATE","userId":"USERID" }。此文件再被解析，然後把存取通證（id）及用戶名稱（userId）儲存以供稍後使用。

- 因 為　Node　所 有 網 路　I/O　都 是 非 同 步 ， 所 有 方 法 都 會 傳 回 一 個 Promise 物件。這是本質上一個非同步的任務，在讀取結果之前，必須等待任務完成─也就是將這些困難事務包裝起來的一個做法。如果 HTTP 請求呼叫成功，則以 HTTP 回應資料啟動 Promise 的 resolve 回呼函數；否則便執行 Promise 的 reject 回呼函數。

TIP　Promises 對非同步程式來説，是除了回呼函數以外、引人注目的另類做法，不過有時容易讓人困惑。總之，Promises 正逐漸變成非同步 Javascript 程式設計的實際標準。

　　如果讀者覺得 Promise 處理程式碼不好懂，還有個更簡單的做法。我們在下一節實作一個讀取後台列表的方法再來展示。

列出後台資訊

列表 3-11 顯示從 Q Experience 讀取後台資訊的 Node 請求。

- 傳送一個 HTTP GET 請求到 https://quantumexperience.ng.bluemix.net/api/Backends?access_token=TOKEN。

- 利用 Javascript 新的非同步/等待（async/await）功能，傳回一個可從任意非同步函數內部呼叫的 Promise 物件。

列表 3-11　透過 Node 讀取後台列表

```
const _defaultHdrs = {
    'x-qx-client-application': _userAgent
};
function backends () {
  let options = {
    url: _config.url + '/Backends?access_token=' + _accessToken,
    headers: _defaultHdrs
  };
  return new Promise(function(resolve, reject) {
    // 執行非同步工作
    request.get(options, function(err, res, body) {
      if (err) {
        reject(err);
      }
      else {
        resolve(JSON.parse(body));
      }
    });
  })
}
```

　　要測試前面方法，可利用 Node.js>=7.6 之後的 async/await 功能，如下片段所示：

```
async function testBackends() {
  await qx.init(config);
  var result = await qx.getBackends();
  console.log("---- BACKENDS ----\n" + JSON.stringify(result) + "\n-----" );
}
```

TIP　　一個非同步函數會有個 *await* 敘述，把非同步函數的執行暫停，接著等待傳回之 Promise 物件的判斷，再繼續執行非同步函數，然後傳回最後的決定值。

列出校準參數

列表 3-12 顯示如何讀取 IBM Q Experience 某一後台的校準及硬體參數：

- 要讀取校準資訊，發送一個 GET 請求至 https://quantumexperience. ng.bluemix.net/api/Backends/NAME/calibration?access_token= TOKEN，其中 NAME 是要查詢的後台、TOKEN 是認證步驟中得到的存取通證。

- 要讀取後台參數，發送一個類似的 GET 請求至 https://quantumexperience.ng.bluemix.net/api/Backends/NAME/par ameters?access_token=TOKEN。

- 兩項請求的回應格式在本章的「利用 REST API 遠端存取」已經描述。

列表 3-12　讀取裝置校準及參數資料

```
function calibration (name) {
  let options = {
    url: _config.url + '/Backends/' + name +'/calibration?access_token=' +
    _accessToken,
    headers: _defaultHdrs
  };
  return new Promise(function(resolve, reject) {
    request.get(options, function(err, res, body) {
      if (err) {
        reject(err);
      }
      else {
        resolve(JSON.parse(body));
      }
    });
  })
}
function parameters (name) {
  let options = {
    url: _config.url + '/Backends/' + name +'/parameters?access_token=' +
    _accessToken,
    headers: _defaultHdrs
  };
  return new Promise(function(resolve, reject) {
    request.get(options, function(err, res, body) {
      if (err) {
        reject(err);
      }
      else {
        resolve(JSON.parse(body));
      }
    });
  })
}
```

　　測試程式碼時，我們建立一個非同步函數，利用 await 關鍵字獲取來自於非同步任務的回應，如下片段所示：

```
async function testCalibration() {
  await qx.init(config);
  var result1 = await qx.getCalibration('ibmqx4');
  var result2 = await qx.getParameters('ibmqx4');
  console.log(JSON.stringify(result1) );
  console.log(JSON.stringify(result1) );
}
```

　　最後一步，讓我們來看如何執行實驗。

執行實驗

這是最重要的 API 呼叫，一旦執行，實驗會記錄在 IBM Q Experience 網站控制台的樂曲段落底下（列表 3-13）。如果要以程式化的方式提交實驗，則傳送 HTTP POST 至 /codes/execute 端點，其中的 JSON 酬載是：

```
{'name': name, "codeType": "QASM2", "qasm": "YOUR_QASM_CODE"}
```

- 記住加上換行（用以分隔指令）的組合語言碼必須寫成一行。例如，底下程式碼宣告 5 個量子位元及 5 個傳統暫存器："\n\ninclude \"qelib1.inc\";\nqreg q[5];\ncreg c[5];\n"。

- name 參數定義記錄在網站控制台的實驗名稱。

- shots 參數定義量子處理器執行的次數。

- device 參數可以是模擬器（遠端模擬器）或實際量子裝置的名稱，例如 ibmqx4。

TIP　　如果在實際裝置上跑實驗，工作會進入執行佇列等待後續處理。等工作結束時，會收到電子郵件通知。另一方面如果是在遠端模擬器上跑實驗，結果將同步回傳。

列表 3-13　執行實驗

```
const _userAgent = 'qiskit-api-py'; // 全域常數

function experiment (name, qasm, shots, device) {
  let options = {
    url: _config.url + '/codes/execute?access_token=' + _accessToken
      + '&shots=' + shots + '&deviceRunType=' + device,
    headers: {'Content-Type': 'application/json', 'x-qx-client-
    application': _userAgent} ,
    form: {'name': name, "codeType": "QASM2", "qasm": qasm}
  };
  return new Promise(function(resolve, reject) {
    request.post(options, function(err, res, body) {
      if (err) {
        reject(err);
      }
      else {
        resolve(JSON.parse(body));
      }
    });
  })
}
```

　　將列表 3-13 黏貼到 index.js，利用下面程式片段在實際量子裝置 ibmqx4 上執行實驗，接著確認實驗已經記錄在網站控制台，最後等待通知郵件的到來。

```
async function testExperiment () {
  await qx.init(config);
  var name = "REST Experiment from Node JS #1"
  var qasm = "\n\ninclude \"qelib1.inc\";\nqreg q[5];\ncreg c[5];\nu2(-
  4*pi/3,2*pi) q[0];\nu2(-3*pi/2,2*pi) q[0];\nu3(-pi,0,-pi) q[0];\nu3(-pi,0,-
  pi/2) q[0];\nu2(pi,-pi/2) q[0];\nu3(-pi,0,-pi/2) q[0];\nmeasure q -> c;\n";
  var shots  = 1;
  var device = "ibmqx4";
  var result = await qx.runExperiment(name, qasm, shots, device);
  console.log("---- EXPERIMENT " + name + " ----\n" + JSON.
  stringify(result) + "\n-----" )
}
```

TIP　　IBM Q Experience 的 Node 模組程式碼，可以在 Workspace\Ch03\ IBMQuantumExperience 找到。這個專案在 test/tests.js 裡有個測試腳本。編輯這個測試檔案，加上自己的 API 通證，然後利用命令：node test/tests.js 從 IBMQuantumExperience 執行。

偵錯及測試

為進行簡單除錯，我建立了 log.js 子模組（與 index.js 同一層），也使用典型的控制台物件顯示資訊在控制台上，如下片段所示：

```
var _debug = false;

function LOGD( tag, txt ) {
  if ( _debug ) {
    console.log('[DBG-QX] ' + tag + ' ' + (txt ? txt : ''));
  }
}
```

```
function LOGE( tag, txt ) {
  console.error('[ERR-QX] ' + tag + ' ' + (txt ? txt : "));
}
function init (debug) {
  _debug = debug;
}


exports.init = init;
exports.debug = LOGD;
exports.error = LOGE;
```

　　主模組（index.js）利用此項子模組在控制台顯示偵錯訊息。最後如果要測試套件，請編輯 test/tests.js，然後貼上這幾節介紹過的測試片段，如下面 tests.js 的部分列表所示：

```
// test/tests.js 需要同目錄下的 `index.js` 檔案
const qx = require('../');

// API 通證放在此
var config = { APItoken: 'API-TOKEN'
  , debug: true
  , 'url': 'https://quantumexperience.ng.bluemix.net/api'
  , 'hub': 'MY_HUB'
  , 'group': 'MY_GROUP'
  , 'project': 'MY_PROJECT'
};

async function testBackends() {
  await qx.init(config);
  var result = await qx.getBackends();
  console.log("---- BACKENDS ----\n" + JSON.stringify(result) + "\n-----" );
}

async function testJobs () {
  await qx.init(config);
  var filter = '{"limit":2}';
```

```
  var jobs = await qx.getJobs(filter);
  console.log ("---- JOBS----\n" + JSON.stringify(jobs) + "\n----");
}


// 把所有測試片段貼在此…
// …
try {
  testBackends();
  testJobs ();
  // 更多測試…
}
catch (e){
 console.error(e);
}
```

　　要跑測試時，在 IBMQuantumExperience 目錄下執行 node test\tests.js。注意有兩個方法：getJobs、getMycredits 留給大家做練習。有了這項基礎，讀者應能輕易地進行實作及測試。

與人分享：發布模組

如果想分享個人作品，可以將模組發布到 npm 註冊處。請在 www.npmjs.com/ 建立帳戶，或手動利用下方指令：

```
npm adduser
npm publish
```

　　請確認在根目錄加上一個 markdown 文件（readme.md），作為程式碼的說明文件。發布後便可瀏覽 https:// npmjs.com/package/<package> 檢查現有的活躍模組，現在其他人可以利用下列指令安裝模組。

```
npm install IBMQuantumExperience
```

Node JS 發展人員現在可用類似下面的程式碼提交實驗到 Q Experience：

```
const qx = require('IBMQuantumExperience');
...
async function sendExperiment () {
  var config = { APItoken: 'API-TOKEN'
    , 'url': 'https://quantumexperience.ng.bluemix.net/api', 'debug': false};
  await qx.init(config);
  var name = "REST Experiment from Node JS #1"
  var qasm = "MY_QASM";
  var device = "ibmqx4";
  var result = await qx.runExperiment(name, qasm, 1024, device);
}
```

本章讓讀者跨出新生涯—成為量子程式設計師的第一步。IBM 創造了一個令人驚喜的雲端平台，讓人有學習這些超凡機器的機會—感謝 IBM 免費讓大眾使用此平台。目前量子電腦還處於實驗階段，所以不要期待很快在街角的硬體商店就能買到一台。但是它們很快就會接管資料中心，所以現在學習其程式設計正是時候。

CHAPTER 4

QISKit—用 Python 寫量子程式的絕佳 SDK

本章開始介紹使用量子計算中最好的軟體套件—QISKit，它的安裝非常簡單。不過開始寫量子程式之前，最好先搞清楚量子計算為何及其與傳統計算的差別。為此我們將以線性代數對量子位元狀態以及量子閘做基本的解釋。本章也會展示量子計算與其相關傳統算法的相似之處，但卻能找到更快得到結果的捷徑。接著，我們會剖析量子程式：包括系統呼叫、電路編譯格式、量子組合語言等等。

　　QISKit 打包了一組有用的模擬器，讓程式可以在本地或遠端執行，或甚至在真實裝置上面執行。我們將一步步地學習如何在很棒的雲端平台—IBM Q Experience 上的實際裝置執行量子程式。打開電腦桌面讓我們開始吧！

安裝 QISKit

QISKit 是一種量子資訊軟體套件，也是目前雲端量子計算的實際標準。套件是以強大、用於科學計算的腳本語言 Python 撰寫。我的背景主要在商業，所以過去幾年沒寫過多少 Python 程式。我們來探討怎麼在 Linux CentOS 6-7、

© Vladimir Silva 2018

V. Silva, *Practical Quantum Computing for Developers,* https://doi.org/10.1007/978-1-4842-4218-6_4

Windows 64 底下安裝套件。首先從最簡單的 Windows 開始，然後再來看比較麻煩的 CentOS。

在 Windows 進行設定

要跑 QISKit 需要安裝 Python 3.5 或之後的版本。如果你的系統是 Windows，很可能還沒安裝過 Python。讀者可以從 Python.org 下載、執行安裝程式，然後從命令視窗執行下列指令：

```
C:\>Python -V
Python 2.7.6
```

　　我有舊版的 Python 2.7，不過你也可以一次安裝好幾個 Python 版本。我是下載 zip 壓縮檔，安裝在 C:\Python36-64，所以：

```
C:\>C:\Python36-64\Python.exe -V
Python 3.6.4
```

　　Python 有個很棒的套件管理程式叫做 pip（比較常被推薦的安裝程式），讓模組的安裝非常方便。要安裝 QISKit，只需敲入：

```
C:\>pip install qiskit
```

　　讀者的螢幕輸出應該很像列表 4-1，請確認沒有出現任何錯誤訊息。

列表 4-1　Windows 64 位元底下的 QISKit 安裝

```
Collecting qiskit
  Using cached qiskit-0.4.11.tar.gz
Collecting IBMQuantumExperience>=1.8.28 (from qiskit)
  Using cached IBMQuantumExperience-1.9.0-py3-none-any.whl
Collecting matplotlib<2.2,>=2.1 (from qiskit)
  Using cached matplotlib-2.1.2.tar.gz
Collecting networkx<2.1,>=2.0 (from qiskit)
  Downloading networkx-2.0.zip (1.5MB)
```

```
    100%  |███████████████████████████████| 1.6MB 400kB/s
Collecting numpy<1.15,>=1.13 (from qiskit)
   Downloading numpy-1.14.2-cp36-cp36m-manylinux1_i686.whl (8.7MB)
    100%  |███████████████████████████████| 8.7MB 105kB/s
...
   Running setup.py install for pycparser ... done
   Running setup.py install for matplotlib ... done
   Running setup.py install for networkx ... done
   Running setup.py install for ply ... done
   Running setup.py install for mpmath ... done
   Running setup.py install for sympy ... done
   Running setup.py install for qiskit ... done
Successfully installed IBMQuantumExperience-1.9.0 qiskit-0.4.11
requests-2.18.4 ...
```

整個程序就這樣―讀者已經跨出成為量子程式設計師旅程的第一步。接著我們來為 Linux CentOS 6/7 的用戶安裝套件。

在 Linux CentOS 進行設定

在 CentOS 6/7 底下設定比較刁鑽，這是因為 CentOS 把重心放在穩定性、而不是提供最新的軟體上面。因此 CentOS 出廠裝上的是 Python 2.7，此外正式的流通版也不提供 Python 3.5 套件，但是我們還是可以安裝 Python 3.5，下面來介紹方法。

TIP 　本節使用的指令在以 Red Hat 為基礎的各項版本中，例如 RHEL 6-7、CentOS 6-7、及 Fedora Core 應該都可行。

步驟 1：系統準備

首先以下列指令確認 yum（Linux 更新管理員）是最新版：

```
$ sudo yum -y update
```

接著安裝一組公用程式及外掛，用來延伸擴充 yum 功能的 yum-utils 套件：

```
$ sudo yum -y install yum-utils
```

接著安裝 CentOS 發展工具，包含建立、編譯各種軟體的編譯器及程式庫：

```
$ sudo yum -y groupinstall development
```

現在來安裝 Python 3。注意我們會跑好幾個版本：正式版、2.7、3.6 版。

步驟 2：安裝 Python 3

要擺脫 CentOS 流通版本的預設安裝依存鏈，可利用稱為 IUS（提供最新穩定版本）的社區計畫，它提供了某些 OS（例如 CentOS）尚未正式提供的發展程式庫。我們利用 yum 來安裝 IUS：

```
$ sudo yum -y install https://centos7.iuscommunity.org/ius-release.rpm
(CentOS7)
$ sudo yum -y install https://centos6.iuscommunity.org/ius-release.rpm
(CentOS6)
```

一旦 IUS 安裝完畢，接著安裝最新的 Python 3.6 版本：

```
$ sudo yum -y install python36u
```

確認安裝無誤：

```
$ python3.6 -V
Python 3.6.4
```

接著安裝 pip 並驗證安裝是否正常：

```
$ sudo yum -y install python36u-pip
$ pip3.6 -V
```

最後來安裝 IUS 套件 python36u-devel，它提供了有用的 Python 發展程式庫：

```
$ sudo yum -y install python36u-devel
```

步驟 3：設定虛擬環境，避免互相干擾

這一步驟只在讀者使用多人系統、且上面有多個版本的 Python，不想互相干擾時才有需要。例如在家目錄建立虛擬環境：

```
$ mkdir $HOME/qiskit
$ cd $HOME/qiskit
$ python3.6 -m venv qiskit
```

前述的命令在用戶的家目錄建立叫做 qiskit 的目錄，以存放所有的量子程式。在此目錄下還建立了一個虛擬 Python 3.6 環境 qiskit。要啟動此環境，可執行底下命令：

```
$ source qiskit/bin/activate
(qiskit) [centos@localhost qiskit]$
```

在此虛擬環境中，讀者如果願意，可直接用 python 命令取代 python3.6 命令、以及用 pip 取代 pip3.6。

```
$ python -V
Python 3.6.4
```

TIP　　如果未啟動虛擬環境，則下命令時要使用 python3.6、pip3.6，而不是 python 及 pip。

步驟 4：安裝 QISKit

啟動虛擬環境，再以下面的指令安裝 QISKit：

```
$ pip install qiskit
```

列表 4-2 顯示前述指令的標準輸出。

列表 4-2　在 CentOS 6 安裝 QISKit

```
Collecting qiskit
  Downloading qiskit-0.5.7.tar.gz (4.5MB)
    100% |████████████████████████████████| 4.5MB 183kB/s
Collecting IBMQuantumExperience>=1.8.28 (from qiskit)
  Downloading IBMQuantumExperience-1.9.0-py3-none-any.whl
Collecting matplotlib<2.2,>=2.1 (from qiskit)
  Downloading matplotlib-2.1.2.tar.gz (36.2MB)
    100% |████████████████████████████████| 36.2MB 18kB/s
    Complete output from command python setup.py egg_info:
    ============================================================
    Edit setup.cfg to change the build options

    BUILDING MATPLOTLIB
                matplotlib: yes [2.1.2]
                    python: yes [3.6.4 (default, Dec 19 2017, 14:48:15) [GCC
                            4.4.7 20120313 (Red Hat 4.4.7-18)]]
                  platform: yes [linux]
...
Installing collected packages:  IBMQuantumExperience,
numpy, python-dateutil, pytz, cycler, pyparsing, matplotlib,
decorator, networkx, ply, scipy, mpmath, sympy, pillow, qiskit
  Running setup.py install for pycparser ... done
  Running setup.py install for matplotlib ... done
  Running setup.py install for networkx ... done
  Running setup.py install for ply ... done
  Running setup.py install for mpmath ... done
  Running setup.py install for sympy ... done
  Running setup.py install for qiskit ... done
Successfully installed IBMQuantumExperience-1.9.0 qiskit-0.4.11
requests-2.18.4 requests-ntlm-1.1.0 scipy-1.0.1 six-1.11.0 sympy-1.1.1
urllib3-1.22

(qiskit) [centos@localhost qiskit]$
```

TIP　在虛擬環境下，Python 套件會安裝在虛擬環境的家目錄下的 lib/python3.6/site-packages，而不是安裝在系統的路徑（如圖 4-1）。

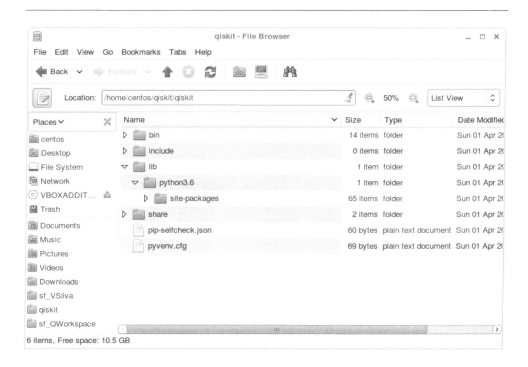

圖 4-1　Python 虛擬環境之目錄布局

現在已經準備好可以開始寫量子程式了，來看如何進行吧！

量子位元 101：不過是基本代數而已

寫量子程式前，先來複習一些基本數學以了解背後的原理。前一章學習量子位元如何表示在布洛赫球面：也就是純粹二階量子力學系統狀態（量子位元）的幾何表示法。但可能了解量子位元基本模型、以及量子閘效應的更好方法是利用它們的代數表示式。為此目的，我們得再重新複習一些基本的線性代數概念，包括：

- **線性向量**：像 $\begin{bmatrix} 1 \\ 0 \end{bmatrix}$ 這樣的簡單向量將被用來表示量子位元的基底態。

- **複數**：複數有實部和虛部，可表示成 a + bi，其中 $i = \sqrt{-1}$。注意複數在物理現實不存在。在一個量子位元的疊加態 $\psi = \alpha \,|\,0\rangle + \beta \,|\,1\rangle$ 裡面，α 和 β 都是複數。

- **共軛複數**：這個詞在量子閘討論中常遇到。藉由反轉虛部的正負號便能得到共軛複數—所以 a + bi 與 a - bi 互為共軛。

- **矩陣相乘**：如果 A 是 n×m 矩陣，B 是 m×p 矩陣，則乘積 AB 是個 n×p 矩陣。相乘的做法是 A 一列的 m 個元素和 B 一行的 m 個元素相乘後加總，得到 AB 的一個元素。例如第一個矩陣的第一列、和第二個矩陣的第一行的每個元素相乘，就變成最終矩陣的第一個元素（圖 4-2）。別緊張，大部分我們遇到的矩陣都是 2×2，且裡面元素都是 0 或 1 而已。

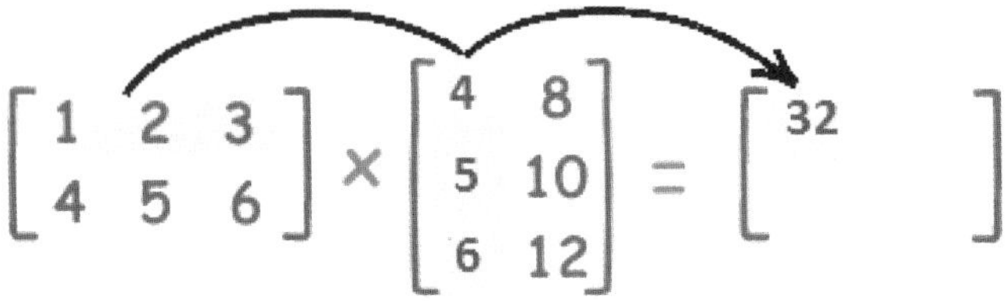

$$\begin{bmatrix} 1 & 2 & 3 \\ 4 & 5 & 6 \end{bmatrix} \times \begin{bmatrix} 4 & 8 \\ 5 & 10 \\ 6 & 12 \end{bmatrix} = \begin{bmatrix} 32 & \\ & \end{bmatrix}$$

圖 4-2　基本矩陣乘法運算

量子位元的代數表示式

在古典模型中，資訊的基本單位是 0 或 1 的位元。位元在實體上相當於電晶體的電壓。量子計算的基本單元則是量子位元（qubit），實體上乃以針對光子、電子、或原子的操控來實現。以代數觀點來看，量子位元是利用右矢（ket）記號來表示。

TIP　右矢記號是在 1939 年由物理學家狄拉克所引介，所以也被稱為狄拉克記號。通常右矢被表示為行向量，並寫為 $|\varphi\rangle$。

狄拉克右矢記號

利用狄拉克記號，量子位元的基本量子態可用 $|0\rangle$ 及 $|1\rangle$ 向量來表示。這些即是所謂的計算基底態。

TIP　量子位元的量子態是在二維複數向量空間的一個向量，這裡用一個簡單的圖來説明。

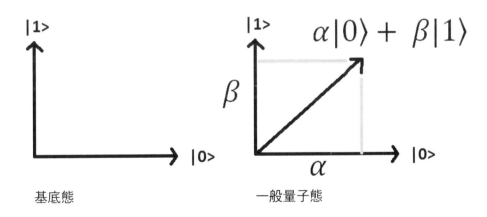

圖 4-3　量子位元的量子態

　　圖 4-3 顯示用來表示量子位元狀態的複數向量空間。左邊是所謂的基底態，由兩個單位向量組成，以狄拉克記號分別表示為 |0⟩ 與 |1⟩ 態。右邊則是由兩個基底態的線性組合所組成的一般量子態，所以基底態跟一般量子態可以寫成向量：

$$|0\rangle = \begin{bmatrix} 1 \\ 0 \end{bmatrix}, |1\rangle = \begin{bmatrix} 0 \\ 1 \end{bmatrix}$$

$$\alpha|0\rangle + \beta|1\rangle$$

其中 α 和 β 是單位向量的振幅係數。注意單位向量的振幅必須是 1，所以 α 和 β 必須滿足此限制 $|\alpha|^2 + |\beta|^2 = 1$。此代數表示法是了解量子位元中邏輯閘效應的關鍵，讀者稍後便可體會。

　　所以為什麼要使用看起來比傳統位元更複雜的表示法，將量子位元表示成向量？為什麼需要用到向量？原因是因為這樣可以建立更好的計算模型，等稍後談及量子閘及疊加態時，便可以得到驗證。總之，量子力學是個發展了幾十年的理論，而最終向量只不過是很簡單的數學物件，而且容易了解及操控，所以它可能是最佳的工具了。

疊加只是聽起來花俏

疊加被物理學家定義為：原子質點同時處於多個狀態的一種特性。如果此觀念很難理解，那麼線性代數可能幫得上忙。

TIP　疊加不過是 |0⟩ 和 |1⟩ 態的線性組合，也就是相當於 α|0⟩+β|1⟩，其中狀態向量的長度是 1（如圖 4-3 所示）。

右矢記號太怪異？改用向量看看

如果讀者喜歡代數，又覺得右矢記號讓人困擾，那就改用熟悉的向量表示法吧。因此前一節的疊加可以寫成

$$|\Psi\rangle = \alpha|0\rangle + \beta|1\rangle = \alpha\begin{bmatrix} 1 \\ 0 \end{bmatrix} + \beta\begin{bmatrix} 0 \\ 1 \end{bmatrix} = \begin{bmatrix} \alpha \\ \beta \end{bmatrix}$$

注意因為右矢是個向量，所以其規則與向量相同。例如向量和純量相乘後：

$$2\left(\alpha|0\rangle + \beta|1\rangle\right) = 2\begin{bmatrix} \alpha \\ \beta \end{bmatrix} = \begin{bmatrix} 2\alpha \\ 2\beta \end{bmatrix}$$

利用量子閘改變量子位元的狀態

量子閘的功用是操控量子位元的狀態，以得到想要的結果。它們是量子計算的基本組件，如同傳統邏輯閘在古典世界的角色一樣。有些量子閘作用等同於對應的傳統部件，這裡讓我們來檢視一番。

非閘（泡利 X）

這是最簡單、作用在單一量子位元的閘，它是傳統非閘的量子版本，其作用是反轉量子位元的狀態。所以

$$|0\rangle \rightarrow |1\rangle, |1\rangle \rightarrow |0\rangle$$

如果是疊加態，X 閘的作用是線性的—也就是反轉對應的基底態。所以 $|0\rangle$ 變成 $|1\rangle$、$|1\rangle$ 變成 $|0\rangle$：

$$\alpha|0\rangle + \beta|1\rangle \rightarrow \alpha|1\rangle + \beta|0\rangle$$

　　在量子電路，非閘以 X 表示（也稱為泡利 X），這是以奧地利物理學家泡利（量子力學奠基者之一）來命名。

q[0]　|0)　——[X]——

此電路以代表位元 0 的基底態 |0⟩ 開始，經由量子線路傳導直到接受操作改變狀態，再經由量子線路輸出結果。

　　另一個理解 X 閘實際作用的方式：利用矩陣表示法，可讓我們確切了解泡利矩陣如何反轉狀態

$$X = \begin{bmatrix} 0 & 1 \\ 1 & 0 \end{bmatrix}$$

利用 X 的矩陣表示以及向量 $|0\rangle = \begin{bmatrix} 1 \\ 0 \end{bmatrix}$、$|0\rangle = \begin{bmatrix} 1 \\ 0 \end{bmatrix}$，則

$$X|0\rangle = \begin{bmatrix} 0 & 1 \\ 1 & 0 \end{bmatrix}\begin{bmatrix} 1 \\ 0 \end{bmatrix} = \begin{bmatrix} 0+0 \\ 1+0 \end{bmatrix} = \begin{bmatrix} 0 \\ 1 \end{bmatrix} = |1\rangle$$

$$X|1\rangle = \begin{bmatrix} 0 & 1 \\ 1 & 0 \end{bmatrix}\begin{bmatrix} 0 \\ 1 \end{bmatrix} = \begin{bmatrix} 0+1 \\ 0+0 \end{bmatrix} = \begin{bmatrix} 1 \\ 0 \end{bmatrix} = |0\rangle$$

　　還有個更簡單的量子電路，事實上是最簡單的—也就是由希臘符號 Psi 表示的 |ψ⟩ ＿＿＿＿＿＿＿＿ |ψ⟩ 量子線路，被用來描述計算狀態的時間演變。這看來似乎微不足道，但實際上是最難以實作的。因為量子線路屬於原子尺度（想像光子、電子、單一原子），所以很脆弱、也容易被環境產生的錯誤影響。

　　另一個 X 閘的有趣特性是：如果兩個非閘排成一列，便會產生單位（或恆等）矩陣（I）—這是線性轉換很重要的一項工具。這裡做一下數學推導：

q[0]　|0)　——[X]——[X]——

|ψ⟩ → XX|ψ⟩

要了解電路的效果，我們來看兩個 X 矩陣相乘的結果：

$$XX = \begin{bmatrix} 0 & 1 \\ 1 & 0 \end{bmatrix}\begin{bmatrix} 0 & 1 \\ 1 & 0 \end{bmatrix} = \begin{bmatrix} 0+1 & 0+0 \\ 0+0 & 1+0 \end{bmatrix} = \begin{bmatrix} 1 & 0 \\ 0 & 1 \end{bmatrix} = I$$

　　X 閘可說是量子邏輯閘、電路、以及計算的最簡單範例。下一節要看一個真正有量子特性的閘—Hadamard，以及從電路及代數兩方面來看它如何產生疊加。

真正的量子性：利用 Hadamard 閘造成疊加

Hadamard 閘對於基底態的效應，在形式上可定義如下

$$|0\rangle \rightarrow \frac{|0\rangle + |1\rangle}{\sqrt{2}}, |1\rangle \rightarrow \frac{|0\rangle - |1\rangle}{\sqrt{2}}$$

此外如果是個疊加態 $\alpha|0\rangle + \beta|1\rangle$，Hadamard 將其映射成

$$\alpha|0\rangle + \beta|1\rangle \rightarrow \alpha\left(\frac{|0\rangle + |1\rangle}{\sqrt{2}}\right) + \beta\left(\frac{|0\rangle - |1\rangle}{\sqrt{2}}\right) = \frac{\alpha + \beta}{\sqrt{2}}|0\rangle + \frac{\alpha - \beta}{\sqrt{2}}|1\rangle$$

至於其電路及矩陣呈現方式，Hadamard 乃作用在單一量子位元。

q[0] $|0\rangle$ —— H ——　　將 H 作用到基底態 $|0\rangle = \begin{bmatrix} 1 \\ 0 \end{bmatrix}$、$|1\rangle = \begin{bmatrix} 0 \\ 1 \end{bmatrix}$：

$$H = \frac{1}{\sqrt{2}}\begin{bmatrix} 1 & 1 \\ 1 & -1 \end{bmatrix}$$

$$H|0\rangle = \frac{1}{\sqrt{2}}\begin{bmatrix} 1 & 1 \\ 1 & -1 \end{bmatrix}\begin{bmatrix} 1 \\ 0 \end{bmatrix} = \frac{1}{\sqrt{2}}\begin{bmatrix} 1 \\ 1 \end{bmatrix} = \frac{1}{\sqrt{2}}\left(\begin{bmatrix} 1 \\ 0 \end{bmatrix} + \begin{bmatrix} 0 \\ 1 \end{bmatrix}\right) = \frac{|0\rangle + |1\rangle}{\sqrt{2}}$$

$$H|1\rangle = \frac{1}{\sqrt{2}}\begin{bmatrix} 1 & 1 \\ 1 & -1 \end{bmatrix}\begin{bmatrix} 0 \\ 1 \end{bmatrix} = \frac{1}{\sqrt{2}}\begin{bmatrix} 1 \\ -1 \end{bmatrix} = \frac{1}{\sqrt{2}}\left(\begin{bmatrix} 1 \\ 0 \end{bmatrix} - \begin{bmatrix} 0 \\ 1 \end{bmatrix}\right) = \frac{|0\rangle - |1\rangle}{\sqrt{2}}$$

　　那麼 Hadamard 閘的計算用途何在？好處是什麼？如果不要講得太技術，答案就是 Hadamard 閘擴展了量子電路可能的狀態範圍。其重要性在於狀態的擴展創造了找到捷徑的機會，使得計算變得更快。以西洋棋作類比，如果你的騎士可以同時具有王后、以及騎士般的移動方式，那麼你的優勢會更明顯、並且更快贏得比賽。這就是 Hadamard 的作用：讓量子機器更強大。

量子態的測量比你以為的還困難

假設家裡地下室有個實驗室，你得利用實驗儀器測量處於 $|\psi\rangle = \alpha|0\rangle + \beta|1\rangle$ 的量子位元，以計算出 α 和 β 係數。也就是說，得去計算此量子態。聽起來似乎不難，但實際上是不可能的。量子力學原理陳述一個系統的量子態無法直接觀測，我們頂多只能猜測 α 和 β 的大概資訊，這道程序就被稱為以計算基底為基礎的測量。

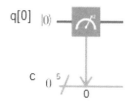

量子態 $|\psi\rangle = \alpha|0\rangle + \beta|1\rangle$ 的測量結果給出個別傳統位元：

$\alpha|0\rangle + \beta|1\rangle \rightarrow 0$，機率是 $|\alpha^2|$

$\alpha|0\rangle + \beta|1\rangle \rightarrow 1$，機率是 $|\beta^2|$

所以測量過程給出傳統位元值 0 及 1 的機率，就相當於 α、β 平方的絕對值。物理上實現這道過程的方法，是利用實驗儀器觀察實體光子、原子、或電子。這就是為什麼測量也被視為一道量子閘的原因。

測量干擾了系統的量子狀態，以得到一個傳統位元值。重要的是經此過程後 α 和 β 係數都被摧毀，這表示我們無法在一個量子位元裡面儲存大量的資訊。想像如果我們能測量 α 和 β 的確切值，那麼透過複數，理論上我們可能可以在量子位元狀態中儲存無窮多的傳統資訊。只要計算 α 和 β 的確切值，便可取回所有傳統資訊。但這是不可能的—根據量子力學的要求。

最後關於測量的一個重點是量子態的正規化：針對計算基底態底下 $\alpha|0\rangle + \beta|1\rangle$ 的測量，產生傳統位元值 0 及 1 的機率加起來必須是 1。也就是說，

$$\text{機率}（0）+\text{機率}（1）= |\alpha^2| + |\beta^2| = 1$$

這表示量子態向量的長度必須是 1（正規化），這項結論來自於測量機率的加總必須是 1 的事實。在下一節，我們將討論如何一般化單一量子位元閘、這些閘的功用、以及如何利用它們來打造更複雜的電路。

一般化的單一量子位元閘

目前我們看過兩個簡單的閘：X 及 H，分別由下面的矩陣代表：

$$X = \begin{bmatrix} 0 & 1 \\ 1 & 0 \end{bmatrix}, H = \frac{1}{\sqrt{2}} \begin{bmatrix} 1 & 1 \\ 1 & -1 \end{bmatrix}$$

另外量子態的疊加也表示成向量 $|\Psi\rangle = \begin{bmatrix} \alpha \\ \beta \end{bmatrix}$。套用這兩種閘到量子態可以被一般化成對於任何么正（unitary）矩陣都寫成如下的形式：

$$H \begin{bmatrix} \alpha \\ \beta \end{bmatrix}, X \begin{bmatrix} \alpha \\ \beta \end{bmatrix}, U \begin{bmatrix} \alpha \\ \beta \end{bmatrix}, \text{ 其中 } U = H, X$$

U 被稱為一般化的單一量子位元閘，但有個限制是 U 必須為么正。

TIP　一個矩陣 U 如與自身的 Hermitian 轉置矩陣 $U^\dagger$ 相乘能得到單位矩陣的話，則被稱為么正矩陣：$U^\dagger U = I$。Hermitian 轉置或共軛轉置以劍號（†）代表：$U^\dagger = (U^T)^*$，也就是矩陣轉置後的複數共軛。

矩陣轉置後的新矩陣就是把原來的行和列對調。例如 $A = \begin{bmatrix} a & b \\ c & d \end{bmatrix}$，那麼 $A^T = \begin{bmatrix} a & c \\ b & d \end{bmatrix}$。所以如果要得到 Hermitian 轉置 $A^\dagger = \begin{bmatrix} a & c \\ b & d \end{bmatrix}^*$，則對每個元素取複數共軛即可（如果 a 和 b 是實數，則 a + bi 的共軛複數是 a - bi。也就是如果有虛部的話，將虛部的符號切換即可）。

注意 H 和 X 閘必須為么正，透過計算 $X^†X=I$ 及 $H^†H=I$ 是否成立便可輕易驗證：

$$X = \begin{bmatrix} 0 & 1 \\ 1 & 0 \end{bmatrix} \quad X^† = \begin{bmatrix} 0 & 1 \\ 1 & 0 \end{bmatrix} \rightarrow X^†X = XX = I$$

$$H = \frac{1}{\sqrt{2}} \begin{bmatrix} 1 & 1 \\ 1 & -1 \end{bmatrix} \quad H^† = \frac{1}{\sqrt{2}} \begin{bmatrix} 1 & 1 \\ 1 & -1 \end{bmatrix} \rightarrow H^†H = HH = I$$

么正矩陣對量子閘有好處

從前一節讀者可能會有個問題：為什麼要這麼麻煩？為什麼 X 和 H 必須為么正？答案是么正矩陣能讓向量長度保持不變，這對量子閘很有用，因其等同要求輸入和輸出態必須正規化（也就是向量長度為 1）。實際上么正矩陣是唯一能保持長度不變的矩陣，所以也是唯一能用在量子閘的矩陣種類。總之，我們還可以問更深入的問題：首先為什麼量子閘應該是線性，為什麼非得使用矩陣表示法？我們嘗試在後面章節給出答案，但現在請大家先接受就好。

其他單一量子位元閘

前節我們介紹了單一量子位元閘 X 和 H。同時還有其他種類的單一位元閘，在量子計算中也很有用。

X 閘有兩個夥伴閘 Y、Z，由這幾個構成的三劍客被稱為泡利 Sigma 閘。

q[0] |0) ─ X ─ Y ─ Z ─

$$X = \begin{bmatrix} 0 & 1 \\ 0 & 1 \end{bmatrix}, Y = \begin{bmatrix} 0 & -i \\ i & 1 \end{bmatrix}, Z = \begin{bmatrix} 1 & 0 \\ 0 & -1 \end{bmatrix}$$

這三個矩陣在資訊處理工作上，像是超密編碼（SDC）很有用。SDC 是種在一個量子位元中有效地儲存傳統資訊的程序。這些矩陣在分析原子特性，像是電子自旋時也用得到。另外，它們也跟空間的三個維度 XYZ 密切相關。

旋轉閘

q[0]

$$\begin{bmatrix} \cos\theta & -\sin\theta \\ \sin\theta & \cos\theta \end{bmatrix}$$

這是大家熟悉、在實際空間旋轉 θ 角度的操作。它是個么正矩陣，在此情況下 T 閘執行繞著 Z 軸旋轉 Π/4 的操作。在通用控制上必須用到此閘。

閘也可用來操作許多個量子位元，如下節的介紹。

使用受控非閘實現位元糾纏

這個閘完備了量子計算所需的火藥庫。受控非閘（CNOT）是作用在兩個量子位元的閘，它有四個可能的計算基底態。

一個疊加態以 CNOT 的四個基底態來表示則成為：

$\alpha|00\rangle + \beta|01\rangle + \delta|10\rangle + \gamma|11\rangle$

其中 α、β、δ、γ 是疊加係數。其量子電路如下：

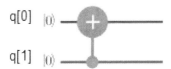

q[0]

q[1]

CNOT 以基底態表示的矩陣如下：

$$\begin{bmatrix} 1 & 0 & 0 & 0 \\ 0 & 1 & 0 & 0 \\ 0 & 0 & 0 & 1 \\ 0 & 0 & 1 & 0 \end{bmatrix}$$，其對應之基底矩陣順序

為 $|00\rangle$、$|01\rangle$、$|10\rangle$、$|11\rangle$。

正號（＋）是所謂的目標量子位元，底下的點則是控制量子位元。其作用很單純：

- 如果控制量子位元是 1，則反轉目標量子位元。

- 否則不進行任何操作。

更精確來說，如果第一個位元做為控制，則

$|00\rangle \rightarrow |00\rangle$ 控制為 0 無作為

$|01\rangle \rightarrow |01\rangle$ 控制為 0 無作為

$|10\rangle \rightarrow |11\rangle$ 控制為 1 則反轉第二位元

$|11\rangle \rightarrow |10\rangle$ 控制為 1 則反轉第二位元

表達前述狀態的一個簡易方法是 $|xy\rangle \rightarrow |xy \oplus x\rangle$

TIP　　要產生糾纏需要 CNOT 閘，不管是在量子遙傳、超密編碼、以及幾乎任何量子演算法等各種任務上都用得到。

　　例如要讓兩個量子位元產生糾纏，可以套用 Hadamard 閘（H）到一個位元，然後套用 CNOT 到另一個位元，如下所示：

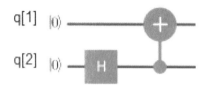

針對量子位元 2 的基底態，Hadamard 產生

$$|00\rangle \to \frac{|00\rangle + |10\rangle}{\sqrt{2}}$$

套用 CNOT 後，如果控制位元是 1，則第二量子位元被反轉，所以

$$|00\rangle \to \frac{|00\rangle + |11\rangle}{\sqrt{2}}$$

如此便有效地建立量子位元 1 與 2 的糾纏態。

　　總之，CNOT 及單一量子位元閘是量子計算的強大武器。它們能打造任意數目量子位元的么正運算，可說是量子計算的通用工具。這表示要打造能解任何問題的量子電腦，使用單一量子位元閘、CNOT、測量閘就夠了。

相較於傳統計算，通用量子計算提供另外的捷徑

讀者可能好奇前節介紹的電路及代數，如何能夠幫助解決在傳統系統中已經可以簡單、且可能更加便宜地完成的工作。考慮底下傳統系統所謂的位元強度

$$x \to f(x)$$

其中如果給定某個輸入 x、目標是以至少 2^{k-1} 個基本運算（k 是位元強度）來計算函數 f(x)。那麼通用量子計算可以提供大小差不多一樣的等效電路，並且包含相同的古典模型：

$$|x\rangle, 0 \to |x\rangle, f(x)$$

　　前述電路讓人感到興奮的地方是：量子計算所擁有的更強能力，有時能提供更快得到結果的捷徑。這表示計算 f(x) 不需要 2^{K-1} 次方那麼多運算。有些量子演算法像是因數分解，其達成的速度改善甚至是指數型的—這才是量子系統的真正威力。既然我們已經探索量子電路的基本數學模型，該是切換到程式模式，探討如何將迄今所學轉變成真實、能在實際量子裝置上執行的電腦程式的時候了。

第一個量子程式

我們先用簡單的概要範例來剖析一個量子程式。在此例中，我們先建立單一量子位元、一個測量量子位元的傳統暫存器，接著在量子位元上套用泡利 X 閘（位元反轉），最後測量其值。基本的程式虛擬碼如下：

1. 建立量子程式。

2. 建立一或多個量子位元、及測量量子位元的傳統暫存器。

3. 建立將量子位元集合成一個邏輯執行單元的電路。

4. 把量子閘作用到量子位元，取得想要的結果。

5. 測量量子位元，將結果存到傳統暫存器並蒐集作為最終結果。

6. 編譯程式。此步驟建立以 JSON 表示的程式，其特定格式在本節稍後說明。

7. 在模擬器或實際量子裝置上執行。

8. 提取結果。

接著來細究 Python 程式碼及作曲家的電路。

列表 4-3　量子程式剖析

```
#############################
import sys
import qiskit
```

```python
import logging
from qiskit import QuantumProgram

# Main 副程式
def main():

  # 建立程式
  qp = QuantumProgram()

  # 建立 1 個量子位元
  quantum_r = qp.create_quantum_register("qr", 1)

  # 建立 1 個傳統暫存器
  classical_r = qp.create_classical_register("cr", 1)

  # 建立電路
  qp.create_circuit("Circuit", [quantum_r], [classical_r])

  # 以名字存取電路結構
  circuit = qp.get_circuit('Circuit')

  # 致能記錄功能
  qp.enable_logs(logging.DEBUG);

  # 泡利 X 閘作用在量子暫存器 "qr" 的量子位元 1
  circuit.x(quantum_r[0])

  # 測量量子位元 0 並存在傳統位元 0
  circuit.measure(quantum_r[0], classical_r[0])

  # 後台模擬器
  backend = 'local_qasm_simulator'

  # 要執行的電路集合
  circuits = ['Circuit']

  # 編譯程式
```

```
qobj = qp.compile(circuits, backend)

# 在模擬器執行
result = qp.run(qobj, timeout=240)

# 顯示結果計數值
print (str(result.get_counts('Circuit')))


##########################################
# Linux :main()
# windows
if __name__ == '__main__':
  main()
```

接著來解釋列表 4-3 的程式：

- 2-5 行匯入需要用到的程式庫：sys（系統）、qiskit（量子類別）、logging（偵錯用）、以及 QuantumProgram（所有程式的基礎類別）。

- 11 行建立一個 QuantumProgram，這是所有操作的進入點。

- 要建立量子位元列表，可利用量子程式的 create_quantum_register (NAME, SIZE)系統呼叫。其中 NAME 是暫存器列表的名稱，SIZE 是量子位元的數目—在本例中是 1（14 行）。

- 為每個量子位元創造一個傳統暫存器，在測量時使用—利用系統呼叫 create_classical_register(NAME, SIZE)。

- 利用系統呼叫 create_circuit(NAME,QUANTUM_SET,CLASSIC_SET)建立電路。NAME 是電路名稱，QUANTUM_SET 是量子位元列表，CLASSIC_SET 是傳統暫存器列表。電路是一個擁有所有這些量子位元、及傳統暫存器的邏輯單元（20 行）。

- 還可以選擇呼叫 enable_logs(LEVEL)，啟動偵錯。其中 LEVEL 可以是底下其中之一：logging.DEBUG、loggin.INFO 等等（只是一些常用於登錄的選項）。

- 接著，讓量子位元通過量子閘，並測量量子位元及蒐集結果。在此例中，我們套用泡利 X 閘，將量子位元從基態 |0⟩ 反轉至 |1⟩（25-29 行）。

- 最後編譯程式，然後在模擬器或實際裝置上運行。本例子在本地的 Python 模擬器（local_qasm_simulator）執行（37-41 行）。

使用 Windows 的發展人員請注意！必須將程式包在 main 函數內，然後以下列方式呼叫

```
if __name__ == '__main__':
    main()
```

在 Window 裡需要這樣寫，因為 QISKit 以非同步任務的方式執行程式。當任務啟動的時候，子程序一開始便會執行 main 模組，所以我們必須保護 main 程式碼，使其避免遞迴產生子程序。我花了好一番功夫才找到原因—因為程式在 CentOS 沒有問題，在 Windows 卻有錯誤訊息：

```
RuntimeError:
        An attempt has been made to start a new process before the
        current process has finished its bootstrapping phase.

        This probably means that you are not using fork to start your
        child processes and you have forgotten to use the proper idiom
        in the main module:

            if __name__ == '__main__':
                freeze_support()
                ...
        The "freeze_support()" line can be omitted if the program
        is not going to be frozen to produce an executable.
```

對 Python 新手來說，這可是挫折感的來源。現在來執行程式得到下列輸出：

```
INFO:qiskit._jobprocessor:<qiskit._result.Result object at
0x000000000D99F470>
{'1': 1024}
```

結果是一個 JSON 文件{'1':1024}，其中 1 是量子位元的測量值（記得我們利用 X 閘來反轉位元）、1024 則是此項結果的迭代次數。得到此項結果之機率的計算方法是將該結果的迭代次數（1024）除以程式總共的迭代次數（1024）。在本例中 P = 1024/1024 = 1。

TIP　　量子電腦是帶有機率性質的機器，所以所有測量的特定結果都附帶一個機率。

列表 4-3 也可以用作曲家底下可快速建構、執行的一個等效量子電路來描述（圖 4-4）。

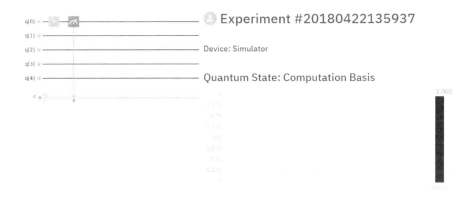

圖 4-4　列表 4-3 的作曲家實驗

圖 4-4 顯示列表 4-3 的量子電路，以及實驗結果和附帶機率。從作曲家底下可看到此電路很簡單，只需要拖曳 X 閘到量子位元 0，再對同一量子位元測量。讀者也能發現，作曲家在建構相對簡單的電路、執行電路、以及將結果視覺化的時候是很棒的工具。現在讓我們一窺 SDK 的內部機制，了解程式碼在背地裡是如何被處理的。

SDK 內部：電路編譯及 QASM

圖 4-5 顯示程式執行時背後的機制：

- QISKit 將程式電路編譯成一個 JSON 文件，再提交給本地模擬器。

- 模擬器剖析文件、執行電路，再傳回一個不可見的 JSON 文件（對發展人員隱藏）。

- QISKit 將結果的 JSON 文件包裝在一個主程式可存取的物件。例如，呼叫 result.get_counts('Circuit') 會從此文件抽取出計數資訊。

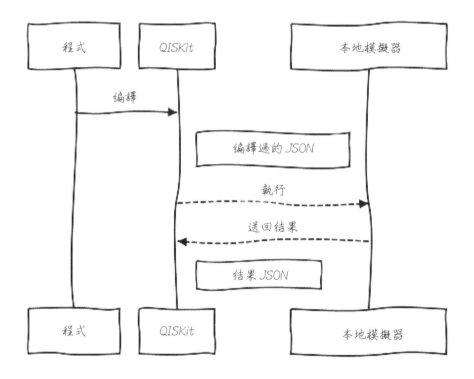

圖 4-5　程式、QISKit、本地模擬器之間的循序圖

166

電路編譯

列表 4-4 顯示在提交給模擬器之前，程式經過編譯後的格式。該文件由下列部分組成：

- 執行編號

- 標頭部分，顯示了模擬器的資訊，包括：名稱、執行所需點數、以及執行次數

- 電路部分有一個電路物件的陣列。每個電路的組成如下：

    - 電路名稱

    - 設定（config）標頭，提供量子位元耦合圖、基底（實體）閘、執行期種子等資訊。

    - 編譯過的電路段落，裡面有個標頭提供量子位元、傳統暫存器、一系列作用在電路的運算（閘）及其參數等資訊。

列表 4-4　列表 4-3 編譯後的格式

```
{
  "id": "aA46vJHgnKQko3u5L1QqbUDk31sY2m",
  "config": {
    "max_credits": 10,
    "backend": "local_qasm_simulator",
    "shots": 1024
  },
  "circuits": [{
    "name": "Circuit",
    "config": {
      "coupling_map": "None",
      "layout": "None",
      "basis_gates": "u1,u2,u3,cx,id",
      "seed": "None"
    },
    "compiled_circuit": {
```

```
    "operations": [{
      "name": "u3",
      "params": [3.141592653589793, 0.0, 3.141592653589793],
      "texparams": ["\\pi", "0", "\\pi"],
      "qubits": [0]
    }, {
      "name": "measure",
      "qubits": [0],
      "clbits": [0]
    }],
    "header": {
      "number_of_qubits": 1,
      "qubit_labels": [
        ["qr", 0]
      ],
      "number_of_clbits": 1,
      "clbit_labels": [
        ["cr", 1]
      ]
    }
  },
  "compiled_circuit_qasm": "OPENQASM 2.0;\ninclude \"qelib1.inc \";\nqreg
  qr[1];\ncreg cr[1];\nu3(3.14159265358979,0,3.14159265358979) qr[0];\
  nmeasure qr[0] -> cr[0];\n"
 }]
}
```

要讓程式顯示編譯後的電路，可以利用下方命令印出編譯步驟的結果：

```
qobj = qp.compile(circuits, backend)
print(str(qobj))
```

NOTE 編譯格式對程式設計師不透明，其用意是要讓大家透過 SDK API 讀取，而非直接存取。原因是不同版本的格式可能改變，然而搞清楚背後的機制總是件好事。

執行結果

此為本地模擬器回應給 QISKit 的文件，其格式顯示在列表 4-5。裡面的重要資訊包括：

- 程式執行狀態、執行時間、模擬器名稱等資訊。

- 結果資料。在程式中利用呼叫 print (str(result.get_counts('Circuit'))) 便可得到此資訊。

列表 4-5 本地模擬器回傳的結果文件

```
{
  "backend": "local_qiskit_simulator",
  "id": "aA46vJHgnKQko3u5L1QqbUDk31sY2m",
  "result": [{
    "data": {
      "counts": {
        "1": 1024
      },
      "time_taken": 0.0780002
    },
    "name": "Circuit",
    "seed": 123,
    "shots": 1024,
    "status": "DONE",
    "success": true,
    "threads_shot": 4
  }],
  "simulator": "qubit",
  "status": "COMPLETED",
```

```
  "success": true,
  "time_taken": 0.0780002
}
```

　　要得到結果文件需要一些技巧，因其對使用者程式是個不透明的物件。但是讀者可以把前面章節存下來經過編譯的電路手動餵給模擬器，來得到列表 4-5 的結果—就給讀者當成練習吧。重點是要記得：結果文件以及編譯格式對程式設計師是不透明的，原因是其格式會隨時間改變。不過了解其背後機制總是有幫助的。

TIP　編譯及結果之格式對發展模擬器的人員很有用。例如，可以用來儲存樣本電路的編譯及結果格式、解決 C++模擬器的臭蟲、餵電路到模擬器、並且比較結果。這樣模擬器便能輕易跟 SDK 整合，好讓一般大眾使用。

組合語言碼

列表 4-4 的編譯電路中，有個段落裡面有程式轉譯後的量子組合語言碼（QASM）如下所示：

```
OPENQASM 2.0;
include "qelib1.inc";
qreg qr[1];
creg cr[1];
x qr[0];
measure qr[0] -> cr[0];
```

TIP　QASM 只在 IBM Q Experience 的遠端模擬器上執行時才用得到。

QISKit 本地模擬器

實際量子裝置的存取受限於點數系統—越用越少，所以不要拿來跑列表 4-3 這種微不足道的程式。在筆者寫作本書時，表 4-1 列出了透過 QISKit 及 IBM Q Experience 可供使用的本地及遠端模擬器。

表 4-1　IBM Q Experience 的本地及遠端模擬器列表

名稱	描述
local_qasm_simulator	QISKit 綁定的預設 Python 模擬器。它的速度很慢，不過跑起來沒問題。
local_clifford_simulator，或稱為 local_qiskit_simulator	以 C++ 撰寫的高效能模擬器，還可以模擬實際的雜訊及錯誤。
ibmqx_qasm_simulator	Q Experience 提供的 24 量子位元高效能遠端 QASM 模擬器，也是遠端預設的模擬器。
ibmqx_hpc_qasm_simulator	Q Experience 提供的 32 量子位元超高效能平行模擬器，被用來作為遠端預設模擬器的備援。

做為簡單的練習—把下面的 REST API URL 貼到瀏覽器，來讀取 IBM Q Experience 的模擬器及實際裝置列表：

```
https://quantumexperience.ng.bluemix.net/api/Backends?access_token=ACCESS_
TOKEN
```

當然你需要一個存取通證，請利用第 3 章介紹的遠端存取 API 便可輕易獲得。接著，我們在其他本地模擬器（包括 IBM Q Experience 的遠端模擬器）上面執行程式。最後對這些執行所花的時間計時，看哪個模擬器最快。

在本地 C++模擬器上執行

QISKit 預設使用純 Python 模擬器（local_qasm_simulator）。但是如果把程式裡的後台名稱改成 local_clifford_simulator 或 local_qiskit_simulator（列表 4-3 的第 35 行），就能使用將實際雜訊、及錯誤率考慮在內的快速 C++模擬器。但是使用前有些限制得牢記：

- *Linux 使用者*：模擬器依循 C++11 標準，所以需要 gcc 5.3 以後的版本。實際上模擬器在我的 CentOS 6 和 7 系統無法編譯，此時可以改用 Windows。

- *Windows 使用者*：Python 使用 CMake 公用程式來當場打造模擬器。總之，預設原始碼並未提供在 Windows 底下，利用 Visual Studio 編譯的解決方案。不過我在 Windows 7 底下，花了些時間找到一個解決方法，也修復了好幾個導致當機的狀況。

TIP　　本書原始碼位於 Ch04\qiskit-simulator\qiskit-simulator\x64\Debug 目錄下有個模擬器的 Windows 64 位元執行檔。如果想試著自己編譯建置，也提供了一個 Visual Studio 2017 的解法。如果有些檔案找不到，請確認已複製 PYTHON-HOME\Lib\site-packages\qiskit\backends 中的所有檔案。

在遠端模擬器上執行

要在 IBM Q Experience 提供的遠端模擬器上執行，列表 4-3 得做點修改。這裡介紹如何修改：

首先必須有個 IBM Q Experience 的組態描述元，裡面的執行參數如下面段落所示：

```
APItoken = 'YOU-API-TOKEN'
config = {
    'url': 'https://quantumexperience.ng.bluemix.net/api',
    # 底下是 IBM Q 使用者才須提供的資訊
    'hub': 'MY_HUB',
```

```
    'group': 'MY_GROUP',
    'project': 'MY_PROJECT'
}
```

TIP　　前面的程式碼要放在與主程式同目錄下的不同檔案（Qconfig.py）。
如第 3 章的描述從 IBM Q Experience 網站控制台獲取 API 通證，再將之貼到
程式碼裡面。注意只有公司客戶才需提供中心、群組、專案等資訊。

接著將前述描述元匯入主程式：

```
# Q Experience 設定
import Qconfig

# Main 副程式
def main():
```

最後把執行後台切換成遠端模擬器：

1. 將後台名稱改成 ibmq_qasm_simulator。

2. 利用系統呼叫 qp.set_api(Qconfig.APItoken, Qconfig.config
   ['url'])設定 API 參數，讓量子程式使用 IBM Q Experience 平
   台。其中 **APItoken** 及 **URL** 的值皆來自於組態描述元。

3. 執行系統呼叫 result = qp.execute(circuits, backend, shots=
   512, max_credits=3)，讓程式在 IBM Q Experience 執行。注意
   此處不需要像以往那樣編譯、執行電路，所以必須移除 qobj =
   qp.compile(circuits, backend)及 result = qp.run(qobj, wait=2,
   timeout=240)等呼叫。

所需的修改顯示於底下的命令。請確認已移除舊有的編譯及執行呼叫，
否則程式無法執行：

```
backend = 'ibmqx_qasm_simulator'

# 要執行的電路集合
```

```
circuits = ['Circuit']
# 設定 APIToken 以及 Q Experience API url
qp.set_api(Qconfig.APItoken, Qconfig.config['url'])

result = qp.execute(circuits, backend, shots=512, max_credits=3, wait=10,
timeout=240)
```

最後執行並測試。輸出應該看起來像下面這樣：

```
DEBUG:qiskit.backends._qeremote:Running on remote backend ibmq_qasm_
simulator with job id: 3677ff592e5e5a6fd31a569b0b4faf92
INFO:qiskit._jobprocessor:<qiskit._result.Result object at
0x0000000004A35160>
{'1': 512}
```

綜合這些資訊後，我們來看最快的模擬器是哪一個。我賭 C++。

比較執行時間來決定最快的模擬器

這裡蒐集在 Windows 7 底下 x64 機器的所有模擬器執行時間數據。難以置信的是，最快的是 IBM Q Experience 的遠端模擬器，純 Python 緊跟在後，最後才是我最欣賞的 C++（圖 4-6）。

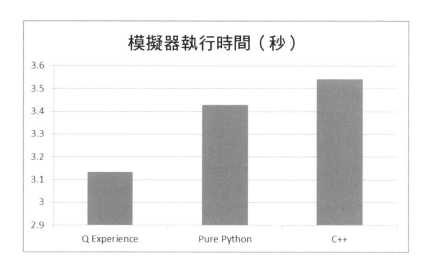

圖 4-6　QISKit 模擬器執行時間

即使呼叫需穿越網路，IBM Q Experience 遠端模擬器仍表現最好。比較讓人費解的是直譯式的 Python 模擬器，怎麼能比原生碼的實作還快。可能是因為原生碼執行時使用非同步任務的方式產生 C++的模擬器程序，所以減緩了程式的執行，導致 Python 程式碼的執行顯得更快。現在我們已經知道如何在模擬器上跑程式了，接著到實際裝置上去跑看看吧。

在實際的量子裝置上執行程式

我們來修改前一節的程式，讓電路變得複雜一些。列表 4-6 的樣本電路在量子電腦的第一個量子位元上進行一系列的旋轉。旋轉操作示範使用了實際處理器 ibmqx4 的實體閘 u1、u2、u3，使得單一量子位元針對布洛赫球面的 X、Y、Z 軸分別旋轉 theta、phi、lambda 角度。

TIP　　布洛赫球面被使用在單一量子位元的幾何表示上。Z 軸頂端代表 |0⟩，底部則是 |1⟩。針對某個軸旋轉代表在測量時，量子位元往特定方向塌陷的機率（圖 4-7）。

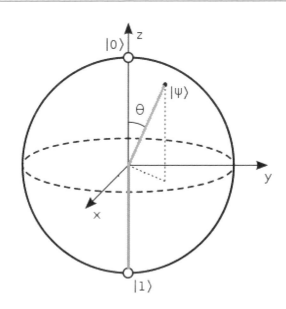

圖 4-7　量子位元的布洛赫球面表示法

　　實體閘（也稱基底閘）極其重要，因為它們是打造更複雜邏輯閘的基礎。列表 4-6 執行下列步驟：

- 對應於 Q Experience ibmqx4 處理器的 5 個量子位元，配置 5 個量子位元以及 5 個傳統測量暫存器（17-20 行）。

- 接著使用基底閘 u1、u2、u3，對第一量子位元進行一系列的旋轉運算（29-34 行）。

- 最後測量該量子位元，並將結果存至傳統暫存器。

- 執行前先把後台設為 ibmqx4（5 量子位元處理器、第 42 行），並透過 set_api(Qconfig.APItoken, Qconfig.config['url']) 設好認證通證和 API URL。

- 要在實際量子裝置執行，得利用 QuantumProgram 執行系統呼叫 execute(NAMES, BACKEND, shots=SHOTS, max_credits=CREDITS, timeout=TIMEOUT)。其中

  - NAMES 是一個電路名稱串列。

  - SHOTS 是電路重複執行的次數。此數越高，準確性越好。

  - CREDITS 是允許從執行點數銀行扣除的最大點數（預設的起始值是 15）。重複執行的次數越多，扣掉的點數就越多。注意別讓點數用完了。

  - TIMEOUT 是遠端端點的讀取逾期時間。

NOTE 　在實際裝置上執行的 Python 量子程式/實驗，不會記錄在 IBM Q Experience 作曲家的曲目段落下。這是因為 Python 背後利用工作（Jobs）REST API，把實驗改置放至執行佇列。如果希望在作曲家裡記錄提交的執行工作，可利用網站控制台或下節介紹的 REST API。

列表 4-6　樣本電路#2

```python
import sys,time,math
import qiskit
import logging
from qiskit import QuantumProgram

# Q Experience 設定
import Qconfig

# Main 副程式
def main():

  # 建立程式
  qp = QuantumProgram()

  # 建立 1 個量子位元
  quantum_r = qp.create_quantum_register("qr", 5)

  # 建立 1 個傳統暫存器
  classical_r = qp.create_classical_register("cr", 5)

  # 建立電路
  circuit = qp.create_circuit("Circuit", [quantum_r], [classical_r])

  # 致能記錄功能
  qp.enable_logs(logging.DEBUG);

  # 第一個實體閘：u1(lambda) 作用到量子位元 0
  circuit.u2(-4 *math.pi/3, 2 * math.pi, quantum_r[0])
  circuit.u2(-3 *math.pi/2, 2 * math.pi, quantum_r[0])
  circuit.u3(-math.pi, 0, -math.pi, quantum_r[0])
  circuit.u3(-math.pi, 0, -math.pi/2, quantum_r[0])
  circuit.u2(math.pi, -math.pi/2, quantum_r[0])
  circuit.u3(-math.pi, 0, -math.pi/2, quantum_r[0])

  # 測量量子位元 0 並存在傳統位元 0
  circuit.measure(quantum_r[0], classical_r[0])
  circuit.measure(quantum_r[1], classical_r[1])
  circuit.measure(quantum_r[2], classical_r[2])
```

```
# 後台
backend = 'ibmqx4'

# 要執行的電路集合
circuits = ['Circuit']

# 設定 APIToken 以及 Q Experience API url
qp.set_api(Qconfig.APItoken, Qconfig.config['url'])

result = qp.execute(circuits, backend, shots=512, max_credits=3,
timeout=240)

# 顯示結果計數值
print ("Job id=" + str(result.get_job_id()) + " Status:" + result.get_status())
###########################################
if __name__ == '__main__':
  start_time = time.time()
  main()
  print("--- %s seconds ---" % (time.time() - start_time))
```

作曲家的量子電路

列表 4-6 的程式也可以利用 IBM Q Experience 作曲家流暢的拖放介面來完成。只要將閘拖曳到位元直方圖上（如圖 4-8），接著設定閘的參數，最後儲存、並在模擬器或實際裝置上執行。

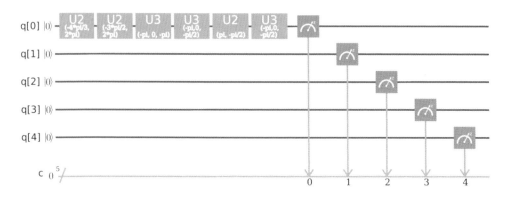

圖 4-8　列表 4-6 的 Q Experience 作曲家電路

對喜歡組合語言原生力量的讀者來說，作曲家也允許你將程式碼直接拷貝、貼到組合語言模式底下的控制台（如圖 4-9）。它還能剖析找出程式中任何的語法錯誤，並指出錯誤行。

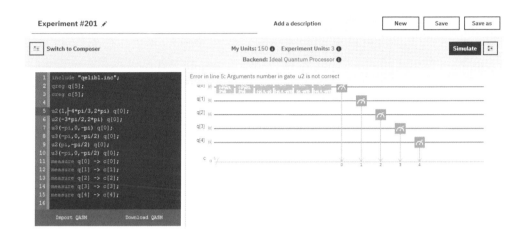

圖 4-9　圖 4-8 電路：組合語言模式下之作曲家視窗

在 IBM Q Experience 執行實驗有許多方法，最有趣的其中一個是利用很棒的 REST API。

透過最喜歡的 REST 客戶端來執行程式

這是與 Q Experience 互動最有趣的方式之一。使用簡單的 REST 請求，便可完成使用 Python 或作曲家所能做到的任何事：

- 列出後台裝置。

- 列出實際裝置的硬體或校準參數。

- 讀取工作執行佇列的資訊。

- 讀取某工作或實驗的狀態。

- 提交或取消工作。

- 執行實驗，並記錄在作曲家的曲目段落之下。

179

TIP　REST API 允許使用任何語言建立通往 Q Experience 的自有介面（甚至是瀏覽器也行）。API 已經在第 3 章詳細描述過。

利用 REST 提交實驗有兩種方法，分別是透過工作（jobs）及執行（execute）API。請見以下介紹。

透過工作 API 執行

讀者可使用最喜歡瀏覽器的 REST 客戶端來提交列表 4-6 的實驗。例如使用 Chrome 的 YARC（意思是「另一個 REST 客戶端」），建立傳送至端點的 HTTP POST 請求：

```
https://quantumexperience.ng.bluemix.net/api/Jobs?access_token=ACCESS_TOKEN
```

比較難搞的部分是獲取存取通證或密鑰。這部分必須以你的 API 通證、或使用者名稱及密碼，通過認證。注意不要混淆 API 通證與存取通證。要得到存取通證，必須進行認證請求（參見第 3 章的「利用 REST API 遠端存取」）。

TIP　Chrome 的 YARC 能用來建構 REST 請求，並存成我的最愛。如第 3 章的描述建置 IBM Q Experience 認證請求，再存成我的最愛。之後每次就能使用它獲得存取通證，以測試其他 REST API 呼叫。

至於請求籌載是一個如列表 4-7 的 JSON 文件，表 4-2 描述其格式。

表 4-2　工作 API 的請求格式

鍵	描述
qasms	組合語言程式陣列，每個程式佔掉一行且指令之間以換行（\n）隔開。
Shots	程式迭代執行的次數。
backend	描繪後台的物件，在此例中為 ibmqx4。
maxCredits	此數值提示使用者願意從帳戶餘額中扣除的點數

列表 4-7　工作 API 的 HTTP 請求

```
{
  "qasms": [{
    "qasm": "\n\ninclude \"qelib1.inc\";\nqreg q[5];\ncreg c[5];\nu2
    (-4*pi/3,2*pi) q[0];\nu2(-3*pi/2,2*pi) q[0];\nu3(-pi,0,-pi) q[0];\nu3
    (-pi,0,-pi/2) q[0];\nu2(pi,-pi/2) q[0];\nu3(-pi,0,-pi/2) q[0];\nmeasure
    q -> c;\n"
  }],
  "shots": 1024,
  "backend": {
    "name": "ibmqx4"
  },
  "maxCredits": 3
}
```

　　一旦獲得存取通證，將列表 4-7 的籌載拷貝、貼到 REST 客戶端，接著提交並等候回應。如果一切順利，應會看到類似列表 4-8 的回應。

列表 4-8　來自 Q Experience 的 HTTP 回應

```
{
  "qasms": [
    {
      "qasm": "\n\ninclude \"qelib1.inc\";\nqreg q[5];\ncreg c[5];\nu2
      (-4*pi/3,2*pi) q[0];\nu2(-3*pi/2,2*pi) q[0];\nu3(-pi,0,-pi) q[0];\
      nu3(-pi,0,-pi/2) q[0];\nu2(pi,-pi/2) q[0];\nu3(-pi,0,-pi/2) q[0];\
      nmeasure q -> c;\n",
      "status": "WORKING_IN_PROGRESS",
      "executionId": "e9d758c3480a54a6455f72c84c5cc2a6"
    }
  ],
  "shots": 1024,
  "backend": {
    "id": "c16c5ddebbf8922a7e2a0f5a89cac478",
    "name": "ibmqx4"
  },
  "status": "RUNNING",
  "maxCredits": 3,
  "usedCredits": 3,
  "creationDate": "2018-04-24T00:12:07.847Z",
  "deleted": false,
  "id": "33d58594fcb7204e4d2ccdb65cd3c88c",
  "userId": "ef072577bd26831c59ddb212467821db"
}
```

　　一部分的回應格式在表 4-3 描述。

表 4-3　工作 API 的回應格式

鍵	描述
qasms	物件陣列，包含提交的程式碼、執行期狀態（WORKING_IN_PROGRESS、COMPLETED 或 FAILED），以及程式的執行編號。
shots	實驗迭代執行的次數。
backend	提供後台資訊的物件，例如名稱及編號。
status	工作整體狀態：執行中（RUNNING）、完成（COMPLETED）、或失敗（FAILED）。
maxCredits	本次執行可使用的最大點數。
usedCredits	本次執行實際使用點數。
creationDate	工作建立之日期。
deleted	如果請求刪除工作，則此值為真，否則為偽。注意被取消或刪除的工作在移除前仍會停留在佇列一會兒。
id	工作編號。
userId	使用者帳戶名稱。

TIP　工作（以及執行）API 並未記載於任何文件，所以目前也不鼓勵直接叫用，因此回應格式可能會隨時改變。這種情況將來可能會有變化，使 REST API 變成正式 SDK 的一部分。不過當下讀者看到的結果可能跟我的不太一樣。

透過執行（Execute）API 來執行

此種做法跟工作 API 的主要差別是：執行 API 會把實驗記錄在作曲家底下。為示範做法，我們建立一個送到端點的 HTTP POST 請求：

```
https://quantumexperience.ng.bluemix.net/api/codes/execute?access_token=TOKEN
&shots=1&seed=SEED&deviceRunType=ibmqx4
```

請求的引數包括：

- *access_token*：你的存取通證

- *shots*：實驗重複執行的次數

- *seed*：隨機執行種子，只在使用模擬器時才需要

- *deviceRunType*：用來跑實驗的裝置名稱

　　請求的酬載顯示在列表 4-9：每個實驗必須包含一個名字，程式碼的型態是 QASM2 且組合語言程式必須寫在單一行並以換行符號（\n）區隔敘述。

列表 4-9　執行 API 的 HTTP 請求籌載

```
{
  "name": "Experiment #20180410193125",
  "codeType": "QASM2",
  "qasm": "\n\ninclude \"qelib1.inc\";\nqreg q[5];\ncreg c[5];\nu2
  (-4*pi/3,2*pi) q[0];\nu2(-3*pi/2,2*pi) q[0];\nu3(-pi,0,-pi) q[0];\nu3
  (-pi,0,-pi/2) q[0];\nu2(pi,-pi/2) q[0];\nu3(-pi,0,-pi/2) q[0];\nmeasure
  q -> c;\n"
}
```

使用 REST 客戶端提交請求，然後等待結果出現。列表 4-10 顯示縮減後的實驗回應格式。

TIP　要避免讓人頭痛的事情發生，請在提交工作前，先確認裝置上線而且 qasm 寫在單一行（包含換行），否則麻煩可不少。重複或再三檢查這些事項，否則大部分時間發送出去的請求都會以失敗告終。

列表 4-10　執行 API 的回應格式

```
{
  "startDate": "2018-04-24T22:31:23.555Z",
  "modificationDate": 1524609083555,
```

"typeCredits": "plan",
"status": {
  "id": "WORKING_IN_PROGRESS"
},
"deviceRunType": "real",
"ip": {
  "ip": "172.58.152.206",
  "country": "United States",
  "continent": "North America"
},
"shots": 1,
"paramsCustomize": {},
"deleted": false,
"userDeleted": false,
"id": "1203b1158e6ae537e8b770cb8049a6ae",
"codeId": "e0f5c573eef75581cf16bce4187ecab8",
"userId": "ef072577bd26831c59ddb212467821db",
"infoQueue": {
  "status": "PENDING_IN_QUEUE",
  "position": 108
},
"code": {
"type": "Algorithm",
"active": true,
"versionId": 1,
"idCode": "e86d38c389f4449e62756922a1aa5729",
"name": "Experiment #201",
"jsonQASM": {
  "gateDefinitions": [],
  "topology": "3b8e671a5a3b56899e6e601e6a3816a1",
  "playground": [
    {
      "name": "q",
      "line": 0,
      "gates": [
          ...

```
          ]
        },
        {
          "name": "q",
          "line": 4,
          "gates": [
            {
              "name": "measure",
              "qasm": "measure",
              "position": 10,
              "measureCreg": {
                "line": 5,
                "bit": 4
              }
            }
          ]
        },
        {
          "name": "c",
          "line": 0
        }
      ],
      "numberGates": 7,
      "hasMeasures": true,
      "numberColumns": 11,
      "include": "include \"qelib1.inc\";"
    },
  "qasm": "\n\ninclude \"qelib1.inc\";\nqreg q[5];\ncreg c[5];\nu2
(-4*pi/3,2*pi) q[0];\nu2(-3*pi/2,2*pi) q[0];\nu3(-pi,0,-pi) q[0];\nu3
(-pi,0,-pi/2) q[0];\nu2(pi,-pi/2) q[0];\nu3(-pi,0,-pi/2) q[0];\nmeasure
q -> c;\n",
  "codeType": "QASM2",
  "creationDate": "2018-04-24T22:31:22.561Z",
  "deleted": false,
  "orderDate": 1524609083391,
  "userDeleted": false,
```

```
    "isPublic": false,
    "id": "e0f5c573eef75581cf16bce4187ecab8",
    "userId": "ef072577bd26831c59ddb212467821db"
  }
}
```

回應傳回的資訊很多，大部分資料的意思很直接。然而我們仍在表 4-4 描述最重要的幾個值。

表 4-4　執行 API 傳回各式各樣的資訊

鍵	描述
status	執行狀態，可以為底下幾種情況之一：WORKING_IN_PROGRESS、COMPLETED 或 FAILED。
deviceRunType	執行實驗的裝置：實際（指實際裝置）或模擬器。
infoQueue	執行佇列訊息，包括： • 狀態：PENDING_IN_QUEUE。 • 在佇列中的位置。
code	實驗的詳細描述，包括： • 量子閘、參數、位置等等。 • 組合語言程式。 • 各式各樣的資訊，例如名稱、種類、狀態、版本等等。

TIP　收到回應後，登入 IBM Q Experience 控制台。實驗名稱應該會顯示在作曲家的量子曲目（Quantum Scores）段落中。

量子組合語言：位居幕後的強大威力

讀者應該已經清楚，透過作曲家或 REST 客戶端執行實驗，背後的一些機制。電路被轉譯成量子組合語言（QASM），然後在實際裝置或模擬器上執行。量子組合語言是高階 Python 程式碼的一種中階表示法，也是 IBM Q Experience 與開放原始碼社區合作的成果。

TIP　QASM 乃以與其為表兄弟的傳統組合語言為基礎構建的，但後者已經有點像是失傳的技藝了。事實上，它確實是依照部分傳統組合語言的語法來打造的。

形式上而言，Python 程式或 Q Experience 電路的生命期可被描述為量子與傳統計算的混合。其包含的步驟如下：

- 編譯：這是傳統電腦執行的線下步驟。執行 Python 程式或作曲家電路時，傳統編譯器將高階表示法（例如 Python）轉成 QASM 中階表示法，此步驟有底下特性：

  - 問題的特定參數尚未得知。

  - 無須與量子電腦有任何互動。

  - 可以將傳統程序編譯成目的碼，進行初步的最佳化。例如，列表 4-6 的 Python 程式及對應的作曲家電路被翻譯成列表 4-11 的組合語言。

列表 4-11　Python 程式（列表 4-6）的對應 QASM 程式碼

```
include "qelib1.inc";
qreg qr[5];
creg cr[5];
u2(-4.18879020478639,6.28318530717959) qr[0];
u2(-4.71238898038469,6.28318530717959) qr[0];
u3(-3.14159265358979,0,-3.14159265358979) qr[0];
u3(-3.14159265358979,0,-1.57079632679490) qr[0];
u2(3.14159265358979,-1.57079632679490) qr[0];
u3(-3.14159265358979,0,-1.57079632679490) qr[0];
measure qr[0] -> cr[0];
measure qr[1] -> cr[1];
measure qr[2] -> cr[2];
```

- **電路產生**：前一步驟的 QASM 程式被餵進電路產生階段。這也在傳統電腦上執行，此時問題的特定參數已知，與量子電腦也可能產生某種互動。此步驟的特性如下：

  - 這是種線上階段（發生在量子電腦）。

  - 產出是量子電路或量子基本方塊，以及相關的傳統控制指令、和執行期所需的傳統目的碼所組成的集合。

- **執行**：此步驟於實際量子電腦上運行，輸入是一組利用量子電路中階表示法代表的量子電路。這部分在一個低階的控制器上執行，輸出則是來自於高階控制器的一組測量結果。

- **後處理**（*Postprocessing*）：此步驟接收一組處理過的測量結果，並且於傳統電腦上執行。其輸出是量子計算的最終結果（圖 4-10）。

圖 4-10　列表 4-6 電路整個生命週期的後處理結果

　　總之，量子組合語言語法不像傳統組合語言那麼可怕。實際上直接用量子組合語言寫程式比用 Python 更簡單更快。如果讀者想直接以 QASM 寫程式，下一節會介紹一組簡單技巧：

- 總是以 include "qelib1.inc" 為開端，此標頭檔包含 Q Experience 的硬體基本構件（量子閘）。此程式庫所提供的單一量子位元閘在表 4-5 說明，至於表 4-6 則是多量子位元閘。

表 4-5　量子組合語言提供的單一量子位元閘

名稱	描述
u3(theta,phi,lambda)	三個參數、兩個脈波的單一量子位元。
u2(phi,lambda)	兩個參數、一個脈波的單一量子位元。
u1(lambda)	一個參數、一個脈波的單一量子位元。
Id	等同於單位矩陣，或 u(0,0,0)。
X	泡利 X、或 σ_x（sigma-x）、或位元反轉。
Y	泡利 Y、或 σ_y（sigma-y）。
Z	泡利 Z、或 σ_z（sigma-z）。
rx(theta)	繞 X 軸旋轉 theta 角度。
ry(theta)	繞 Y 軸旋轉 theta 角度。
rz(phi)	繞 Z 軸旋轉 theta 角度。
H	Hadamard：使單一量子位元進入疊加態。
S	Z 的均方根：sqrt(Z) 相位閘。
Sdg	S-劍號：S 的複數共軛。代數上被定義成對 sqrt(z) 的轉置矩陣取複數共軛。
T	sqrt(S)相位閘。
Tdg	T-劍號，或是 sqrt(S)的複數共軛。

表 4-6 量子組合語言提供的多量子位元閘

名稱	描述
cx c,t	受控非閘（CNOT）：只在控制端量子位元（c）為 1 時，才反轉第二量子位元。用來使兩個量子位元產生糾纏。
cz a,b	受控相位：只在控制端量子位元（a）為 1 時，才施以相位旋轉操作。
cy a,b	受控 Y：只在控制端量子位元（a）為 1 時，才施以泡利 Y 旋轉操作。
ch a,b	受控 H：只在控制端量子位元（a）為 1 時，才將量子位元 b 置於疊加態。
ccx a,b,c	3 量子位元 Toffoli 閘：只在量子位元 a 及 b 為 1 時，才反轉量子位元 c。

- 要宣告量子位元暫存器（陣列）很容易。例如，如果要宣告由 5 個量子位元組成的暫存器：qreg qr[5];，注意所有指令皆以分號隔開。

- 如要宣告由 5 個傳統位元所組成的暫存器，則使用 creg cr[5];。

- 如要對特定位元施以一個閘運算，只需敲入該閘的名稱以及目標量子位元即可。例如要將第一個量子位元置於疊加態（用於量子數字產生器），則利用 h q[0];。

- 程式的最後一步應該總是量測量子位元。例如測量疊加態的量子位元、並且將結果存到第一個傳統暫存器，則可使用 measure qr[0] -> cr[0];。

注意量子電腦是機率型機器，因此量子位元的確切狀態無法得知（依量子力學原理不可能實現），所以我們只能得出量子位元處於狀態 0 或 1 的機率。對於前面一段、第 0 個量子位元的簡單量子數字產生器 h q[0] 來說，我們可以把狀態 1 的機率當成隨機數。這可以從蒐集組合語言執行後的結果，IBM Q Experience 作曲家上的簡潔圖形中看出來（圖 4-9）。

　　讀者已經跨出新生涯—雲端量子程式設計師的第一步。利用高階的 Python SDK 及強大的量子組合語言引擎，便能在很棒的 IBM Q Experience 平台上進行實驗。再過幾年當量子電腦加入資料中心的行列後，這些技能將很有價值。下一章我們將進入另一個層次，利用一組演算法展現量子力學的神奇力量。請繼續看下去吧！

CHAPTER 5

啟動引擎：
從量子隨機數到遙傳，
以及初探超密編碼

本章將帶你遊歷認識量子系統旅程中，三項非凡的資訊處理能力。首先從最簡單的一個程序開始，探索成為真正隨機來源的量子力學隨機本質。接著，我們會探討兩個非凡但卻相關的程序，也就是所謂的超密編碼及量子遙傳。在超密編碼部分，我們學習如何以單一量子位元傳送 2 個傳統位元的資訊。在量子遙傳，我們學習量子位元的量子態如何利用混合傳統及量子的資訊轉移程序來重建。所有的演算法皆包含 IBM Q Experience 作曲家電路以及 Python 和 QASM 程式碼。執行結果再被蒐集，以進行顯示及分析。讓我們開始吧！

量子隨機數產生

本節要學習如何利用量子電腦的機率本質，使用 Hadamard 閘來產生隨機位元或數字。

© Vladimir Silva 2018

V. Silva, *Practical Quantum Computing for Developers*, https://doi.org/10.1007/978-1-4842-4218-6_5

利用 Hadamard 閘產生隨機位元

Hadamard 是任意量子資訊系統的基本閘之一，其用途在使量子位元進入疊加態。代數上可用下方矩陣來描述：

$$H = \frac{1}{\sqrt{2}}\begin{bmatrix} 1 & 1 \\ 1 & -1 \end{bmatrix}$$

要更了解此矩陣如何將量子位元置於疊加態，讓我們來考慮單一量子位元的幾何表示。

在圖 5-1，量子位元的基底態乃利用右矢標記法（ket notation）來描述，其中 $|0\rangle = \begin{bmatrix} 1 \\ 0 \end{bmatrix}$、$|1\rangle = \begin{bmatrix} 0 \\ 1 \end{bmatrix}$。從前一章我們記得右矢只是個么正向量（長度為 1 的向量）。所以一般（或疊加）態可用么正向量 $\psi = \alpha|0\rangle + \beta|1\rangle$ 來定義，其中 α 和 β 都是複數係數。把 H 套用到基底態可以得到

$$H|0\rangle = \frac{1}{\sqrt{2}}\begin{bmatrix} 1 & 1 \\ 1 & -1 \end{bmatrix}\begin{bmatrix} 1 \\ 0 \end{bmatrix} = \frac{1}{\sqrt{2}}\begin{bmatrix} 1 \\ 1 \end{bmatrix} = \frac{1}{\sqrt{2}}\left(\begin{bmatrix} 1 \\ 0 \end{bmatrix} + \begin{bmatrix} 0 \\ 1 \end{bmatrix}\right) = \frac{|0\rangle + |1\rangle}{\sqrt{2}}$$

$$H|1\rangle = \frac{1}{\sqrt{2}}\begin{bmatrix} 1 & 1 \\ 1 & -1 \end{bmatrix}\begin{bmatrix} 0 \\ 1 \end{bmatrix} = \frac{1}{\sqrt{2}}\begin{bmatrix} 1 \\ -1 \end{bmatrix} = \frac{1}{\sqrt{2}}\left(\begin{bmatrix} 1 \\ 0 \end{bmatrix} - \begin{bmatrix} 0 \\ 1 \end{bmatrix}\right) = \frac{|0\rangle - |1\rangle}{\sqrt{2}}$$

至於疊加態 ψ

$$\Psi = \alpha|0\rangle + \beta|1\rangle \rightarrow \alpha\left(\frac{|0\rangle + |1\rangle}{\sqrt{2}}\right) + \beta\left(\frac{|0\rangle - |1\rangle}{\sqrt{2}}\right) = \frac{\alpha + \beta}{\sqrt{2}}|0\rangle + \frac{\alpha - \beta}{\sqrt{2}}|1\rangle$$

總之，Hadamard 閘擴展了量子電路狀態的可能範圍。這很重要，因為狀態擴展創造了找到捷徑的可能性，使得計算能更快完成。

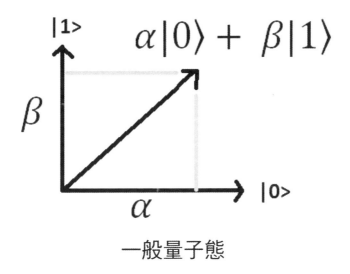

圖 5-1　量子位元的一般（重疊）態 ψ 的幾何表示

TIP　　量子力學斷言我們無法預測前述基底態係數 α 與 β 的確切值—即使有
物理定律的完整知識或粒子的初始條件也不行。我們最多只能算出一個機
率值。

有這些認知後，隨機位元產生器電路的實作就很簡單了。在 IBM Q
Experience 作曲家為第一個量子位元建立有一個 Hadamard 閘的電路，然後
在基底態進行測量，如圖 5-2 所示。

圖 5-2　隨機位元產生電路

在實際裝置上跑這個電路可能不是什麼好主意，因為可能得花一些時間（執行需經過排程，耗費的時間還依執行佇列有多少工作而定）。此外，每次在實際裝置上執行還會消耗點數。在模擬器上執行可立即看到結果，如圖 5-3。注意 0 或 1 每種結果輸出的機率都同樣是 ½，因此我們便可以產生隨機位元了：如果結果為 1 的機率 > ½ 就產生位元 1，否則就產生位元 0。

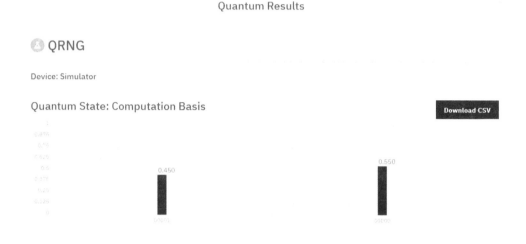

Quantum Results

QRNG

Device: Simulator

Quantum State: Computation Basis

Download CSV

0.450

0.550

圖 5-3 圖 5-2 電路的執行結果

當然這樣產生隨機位元很沒效率，比較好的方式是寫個 QISKit Python 腳本，以程式化的方式建立執行工作的電路。列表 5-1 是使用 x 個量子位元產生 n 個隨機數的簡單腳本，其中隨機數的位元數目為 2^x。預設情況下，腳本利用 3 個量子位元產生 10 個 8 位元的隨機數。也就是說，n = 10、x = 3，所以 2^3 = 8。接著讓我們來更仔細檢視：

- 第 12 行定義了使用 n 個量子位元建立電路的函數 qrng。

- 15-21 行使用 QISKit API，建立有 n 個量子位元、n 個用來儲存測量值之傳統暫存器的 QuantumProgram。

- 把 Hadamard 閘作用到所有量子位元，再測量每個位元，最後結果存到傳統暫存器 n（30-35 行）。

- 電路編譯後使用系統呼叫 set_api(API-TOKEN, URL)，在 Q Experience 遠端模擬器執行。注意所需的組態描述子裡必須有 API 通證及端點 URL。電路將被執行，然後彙集結果出現的次數（40-51 行）。

- 最後如要產生隨機位元，則得檢視輸出結果的次數。例如假設結果是 {'100': 133, '101': 134, '011': 131, '110': 125, '001': 109, '111': 128, '010': 138, '000': 126}。對每種結果，如果次數大於平均機率，則得到 1，否則便是 0。平均機率的計算是把執行次數（此處為 1024）除以總共有幾個結果（也就是 2^X，其中 X 是量子位元個數—預設值為 3，所以這個值為 1024/8 = 128）。所以對前面結果而言

133	1	
134	1	
131	1	11100010 = 226
125	0	
109	0	
128	0	
138	1	
126	0	

列表 5-1　產生 n 個長度為 2^X 位元之隨機數的量子程式

```
#############################
import sys,time
import qiskit
import logging
from qiskit import QuantumProgram

# Q Experience 設定
sys.path.append('../Config/')
import Qconfig
```

```python
# 產生 2**n 位元長的隨機數，其中 n 為量子位元的數目
def qrng(n):

  # 建立程式
  qp = QuantumProgram()

  # 建立 n 個量子位元
  quantum_r = qp.create_quantum_register("qr", n)

  # 建立 n 個傳統暫存器
  classical_r = qp.create_classical_register("cr", n)

  # 建立電路
  circuit = qp.create_circuit("QRNG", [quantum_r], [classical_r])

  # 致能記錄功能
  #qp.enable_logs(logging.DEBUG);

  # 把 Hadamard 閘套用到所有量子位元
  for i in range(n):
    circuit.h(quantum_r[i])

  # 測量量子位元 n 並存在傳統暫存器 n
  for i in range(n):
    circuit.measure(quantum_r[i], classical_r[i])

  # 後台模擬器
  backend = 'ibmq_qasm_simulator'

   # 要執行的電路集合
  circuits = ['QRNG']

  # 編譯程式：ASM print(qp.get_qasm('Circuit')), JSON:
  print(str(qobj))
  # 設定 APIToken 以及 Q Experience API url
  qp.set_api(Qconfig.APItoken, Qconfig.config['url'])
  shots=1024
```

```
result = qp.execute(circuits, backend, shots=shots, max_credits=3,
timeout=240)


# 顯示結果計數值
# counts={'100': 133, '101': 134, '011': 131, '110': 125, '001': 109,
'111': 128, '010': 138, '000': 126}
counts = result.get_counts('QRNG')
bits = ""
for v in counts.values():
  if v > shots/(2**n) :
    bits += "1"
  else:
    bits += "0"


return int(bits, 2)


#############################################
if __name__ == '__main__':
  start_time = time.time()
  numbers = []

  # 產生 100 個 8 位元隨機數
  size = 10
  qubits = 3 # bits = 2**qubits

  for i in range(size):
    n = qrng(qubits)
    numbers.append(n)

  print ("list=" + str(numbers))
  print("--- %s seconds ---" % (time.time() - start_time))
```

CAUTION　執行任何程式前，總先確認組態正確，包括有效的 API 通證及端點 URL。這些是麻煩的主要來源。記得如果遺漏了這個重要步驟，程式就會失敗。

列表 5-1 的量子電路顯示在圖 5-4。該電路使用 3 個量子位元來產生 8 位元、介於 0 到 255 的隨機數。

圖 5-4　列表 5-1 的 Q Experience 電路

接著讓我們來蒐集多次執行的結果，並進行檢驗。

檢驗結果的隨機性

Linux 有個名為 ent（亂度 entropy 的簡寫）的簡潔程式，被稱為偽隨機數序列測試程式[1]。我們可以利用此命令測試前一節產生的數字。

TIP　Windows 使用者—專案網站有個 Windows 32 執行檔可下載。 本章原始碼也有提供一個執行檔，位於 Workspace\Ch05\ent.exe。

因此透過列表 5-1 程式，我蒐集大約 200 個 8 位元隨機數。藉由 ent，此序列能以命令 *ent [infile]* 進行檢驗，如下面段落所示。

```
C:\Workspace\Ch05>ent qrnd-stdout.txt
Entropy = 3.122803 bits per byte.
Optimum compression would reduce the size of this 805 byte file by 60 percent.
```

---

[1]　ENT—偽隨機數序列測試程式，可從 http://fourmilab.ch/random/ 下載。

Chi square distribution for 805 samples is 29149.54, and randomly would
exceed this value less than 99.9 percent of the times.
Arithmetic mean value of data bytes is 46.1503 (127.5 = random).
Monte Carlo value for Pi is 4.000000000 (error 27.32 percent).
Serial correlation coefficient is -0.356331 (totally uncorrelated = 0.0).

根據作者的說法，卡方檢驗能判定隨機序列的品質。如果卡方百分比分布小於 1%或大於 99%，則是不好的序列。我的輸出顯示 99.9%，表示數字的隨機性並不高。這可能是因為我們使用遠端模擬器，而模擬器可能使用預設的 UNIX 隨機數產生器（品質並不高）。讀者可以試看看產生的序列是否更好。下表顯示 ENT 發展人員所提供，來自於各種決定性及量子來源的正面交鋒結果[2]。

表 5-1　ENT 蒐集的各種來源之隨機性測試結果

來源	卡方百分比
UNIX rand()	99.9%，50 萬個樣本（劣）
Park 及 Miller 的改進版 UNIX 產生器	97.53%，50 萬個樣本（較佳）
HotBits：放射衰變產生的隨機數	40.98%，50 萬個樣本（最佳）

上表明白顯示 UNIX rand()不是可信賴的隨機數產生方法。如果需要大量的真正隨機數（例如要產生加密密鑰），應使用像 HotBits 這類的量子來源。總之，本節的目的是以一個產生隨機數的簡單量子電路，讓讀者有實際接觸的機會。下一節要介紹稱為超密編碼的奇特量子資料轉移協定，往更高的層次前進。

超密編碼

超密編碼（SDC）是種展示量子系統非凡資訊處理能力的資料轉移協定。形式上 SDC 是利用單一量子位元傳送 2 個傳統位元資訊的一種簡單程序，圖 5-5 是協定的圖解。

---

[2]　HotBits：真正的隨機數—利用放射衰變產生，可於 http://fourmilab.ch/hotbits/ 線上查閱。

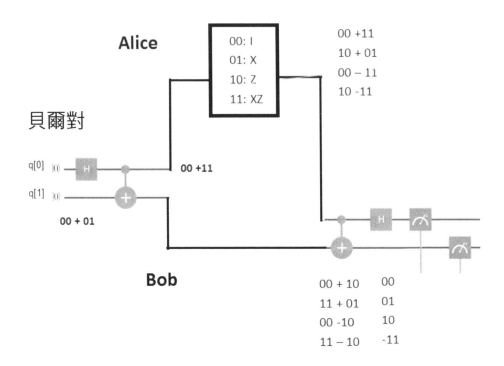

圖 5-5　超密編碼協定

1. 程序一開始由第三方（Eve）產生所謂的貝爾對（Bell Pair）。Eve 從位於基底態 |0⟩ 的兩個量子位元開始，將 Hadamard 閘作用到第一個量子位元以產生疊加態。接著套用 CNOT 閘，以第一個量子位元作為控制（點）、第二個作為目標（+）。產生的狀態顯示在表 5-2。

表 5-2　貝爾對狀態

閘	結果狀態	細節
H	$\|00\rangle \rightarrow \|00\rangle + \|10\rangle$	H 閘作用到第一量子位元，使其進入疊加態，所以得到狀態 00 + 10，其中第二量子位元保持為 0。注意為了簡潔起見，我們把 Hadamard 矩陣的 $\sqrt{2}$ 省略了。
CNOT	$\|00\rangle + \|10\rangle \rightarrow \|00\rangle + \|11\rangle$	CNOT 閘讓兩個量子位元產生糾纏。特別是在控制位元（.）為 1 時，目標位元（+）將被反轉；否則目標位元便保持不變。所以當第一位元為 1 時，第二量子位元被反轉，產生 00 + 11 狀態。

2. 在程序的第二步，第一個量子位元傳給 Alice 且第二個傳給 Bob。注意 Alice 與 Bob 可能相距甚遠。此協定的目標是讓 Alice 利用手上的量子位元，傳送兩個傳統位元的資訊給 Bob。但在此之前，Alice 必須依據想傳送的兩位元資訊內容，套用一組量子規則（或閘）到她的量子位元（表 5-3）。

表 5-3　超密編碼的編碼規則

規則	結果狀態
00：I（恆等閘）	I(00 + 11) = 00 + 11
01：X	X(00 + 11) = 10 + 01
10：Z	Z(00 + 11) = 00 - 11
11：ZX	ZX(00 + 11) = 10 - 11

3. 因此，如果要傳送 00，則無須做任何處理（即應用恆等閘）。如果是 01，就得應用 X 閘（或位元反轉）。如果是 10，就得應用 Z 閘。注意 Z 閘在量子位元為 1 時，會反轉量子位元的正負號（相位）。所以 Z $\|0\rangle = \|0\rangle$, Z $\|1\rangle = -\|1\rangle$。最後，如果是 11，就將 XZ 閘作用到其量子位元。Alice 接著將量子位元傳送給 Bob，進行程序的最後一個步驟。

4. Bob 收到 Alice 的量子位元（量子位元 0），並且利用他自己的量子位元逆轉貝爾態（由 Eve 建立）的程序。也就是說，他先利用 CNOT 閘、接著利用 Hadamard 閘（H）作用到第一個量子位元，最後對兩個量子位元進行測量，以提取編碼在 Alice 量子位元的兩個傳統位元資訊（表 5-4）。

表 5-4　復原後的量子位元狀態

閘	結果狀態	細節
CNOT	00 + 10	我們從步驟 2 Alice 的狀態開始：
	11 + 01	00 + 11
	00 - 10	10 + 01
	11 - 10	00 - 11
		10 - 11
		CNOT 閘在第一個量子位元為 1 時，反轉第二個位元。結果如第二行所示。
H	00	將 Hadamard 閘作用到圖上最後面第一個量子位元，便得到第二行的結果。當 Bob 在計算基底態底下測量後，最終會有四個機率都是 1 的可能結果。這些結果與 Alice 在步驟 2 第一行欲傳送的結果一致。注意最後一個可能結果有個負號—但因為機率的計算為振幅的平方，所以 -1 的平方仍為 1，還是正確的。
	01	
	10	
	-11	

接著我們在 IBM Q Experience 作曲家把這些部分組合成一個電路。

作曲家程式中的電路

圖 5-6 顯示超密編碼的電路以及作曲家底下的量子組合語言碼：

- 電路先產生一對貝爾對，也就是把 qubit[0] 置於疊加態（利用 Hadamard 閘），再透過 CNOT 閘跟 qubit[1] 產生糾纏。

- 接下來以兩個閘代表 Alice 的編碼規則。記住她得應用恆等（無作為）閘來編碼位元 00、X 編碼 01、Z 編碼 10、ZX 編碼 11。在此例子下，編碼位元為 11，這顯示在圖 5-6 障礙線符號的左邊部分。注意障礙線的作用會阻斷執行，直到作用在這兩個量子位元的所有閘之運作皆已完成。

- 障礙線符號右方顯示的是 Bob 要執行的協定，基本上這就是 Alice 做法的逆向操作。他先用 CNOT 再以 Hadamard 閘作用到量子位元，最後測量這兩個量子位元，以抽取 2 個被編碼的傳統位元。

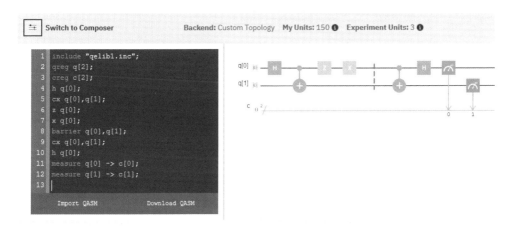

圖 5-6　Q Experience 下的超密電路

在模擬器執行前面電路，結果應當是個柱狀圖，其中結果為 11 的機率等於或很接近 1。此結果應與下一節利用 Python 腳本得到的結果一致。

使用 Python 遠端執行

列表 5-2 展示了與圖 5-6 電路等效的 Python 腳本：

- 17-19 行產生兩個量子位元及兩個儲存結果的傳統暫存器。

- 接著利用糾纏貝爾對建立超密電路（22-24 行）。

- Alice 應用 ZX 閘來編碼 11。讀者也可選擇把這些敘述註解掉、並且另外編碼不同的值，但是得確認結果與 Alice 的編碼計畫一致（32-35 行）。

- Bob 反向進行 Alice 的操作，並測量量子位元（38-41 行）。

- 最後電路在遠端模擬器執行（ibmq_qasm_simulator），結果再利用 Python 極佳的繪圖支援功能展示。

列表 5-2　超密編碼的 Python 腳本

```
import sys,time,math

# 匯入 QISKit
from qiskit import QuantumCircuit, QuantumProgram

sys.path.append('../Config/')
import Qconfig

# 匯入基本畫圖工具
from qiskit.tools.visualization import plot_histogram

def main():
  # 量子程式設定
  Q_program = QuantumProgram()
  Q_program.register (Qconfig.APItoken, Qconfig.config["url"])

  # 建立暫存器
  q = Q_program.create_quantum_register("q", 2)
  c = Q_program.create_classical_register("c", 2)

  # 製備共享糾纏態的量子電路
  superdense = Q_program.create_circuit("superdense", [q], [c])
  superdense.h(q[0])
  superdense.cx(q[0], q[1])

  # 00 不動作
```

```
# 10 套用 X
# superdense.x(q[0])
# 01 套用 Z
# superdense.z(q[0])

# Alice: 11 套用 ZX
superdense.z(q[0])
superdense.x(q[0])
superdense.barrier()

# Bob
superdense.cx(q[0], q[1])
superdense.h(q[0])
superdense.measure(q[0], c[0])
superdense.measure(q[1], c[1])

circuits = ["superdense"]
print(Q_program.get_qasms(circuits)[0])

backend = "ibmq_qasm_simulator" #ibmqx2 quantum device
shots = 1024 # 實驗執行次數

result = Q_program.execute(circuits, backend=backend, shots=shots, max_
credits=3, timeout=240)

print("Counts:" + str(result.get_counts("superdense")))
plot_histogram(result.get_counts("superdense"))

###########################################
# main
if __name__ == '__main__':
  start_time = time.time()
  main()
  print("--- %s seconds ---" % (time.time() - start_time))
```

　　讓我們在下一節來看看列表 5-2 程式執行一次的結果。

檢視結果

列表 5-2 執行後的標準輸出顯示在下一段：

```
C:\python36-64\python.exe p05-superdensecoding.py
OPENQASM 2.0;
include "qelib1.inc";
qreg q[2];
creg c[2];
h q[0];
cx q[0],q[1];
z q[0];
x q[0];
barrier q[0],q[1];
cx q[0],q[1];
h q[0];
measure q[0] -> c[0];
measure q[1] -> c[1];

Counts:{'11': 1024}
--- 167.52969431877136 seconds ---
```

　　此腳本會傾印電路的組合語言碼，以及結果的計數值：**{'11': 1024}** 和執行時間。結果計數值用來計算結果的機率—把結果計數（1024）除以總執行次數（1024）。因此結果 11 的機率為 1，如列表 5-2 最後一個畫圖步驟所示（圖 5-7）。注意如果是在模擬器執行，機率將永遠為 1，也就是說計數值跟執行次數相同（counts = shots）。但是如果在實際量子裝置上執行，因為雜訊及環境誤差的關係，計數值應該小於 1024，使得機率小於 1。

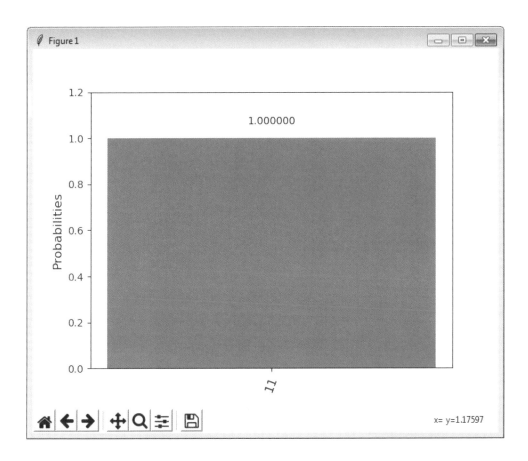

圖 5-7　超密編碼繪圖結果

　　因此超密編碼提供將兩個古典位元編碼在一個量子位元的方法。注意值得一提的是，量子計算認為不可能在一個量子位元內儲存超過 1 個傳統位元，這似乎與協定的展示有矛盾。但事實上沒有矛盾─協定所以可行是因為 Alice 和 Bob 的量子位元透過貝爾對產生糾纏，所以才能透過 Alice 的糾纏量子位元傳送兩個傳統位元。總之，如果讓量子位元透過貝爾對產生糾纏，就可在每個量子位元儲存最多兩個傳統位元。

　　概括地說，此協定可被視為一組模組化的抽象事物：一個創造兩個糾纏量子位元的貝爾對產生器模組，後面接著一個套用 Alice 的規則來編碼兩個傳統位元的資訊編碼器模組。最後有個解碼器模組從貝爾對以及來自編碼器模組的量子位元，抽取出傳統位元（可把它看成有點像量子版的壓縮/解壓縮工具）。超密編碼提供一個量子資訊處理的高階視角，還能幫助讀者了解本章下個單元：量子遙傳。

TIP　　這項簡單的協定是由物理學家 Charles Bennett 於 1992 年發展建立，此時離量子力學發明已過了幾乎 70 年。雖然相對簡單，但此程序並非如此顯而易見，對其深入研究仍能學到很重要的東西。

量子遙傳

量子遙傳是個與超密編碼緊密相關的程序。可能遙傳這個詞有點誇張，因為我們沒有真的傳送任何東西—至少不像科幻小說／星艦迷航記所描寫的那樣。形式上量子遙傳是透過傳統通信與前節討論的貝爾對的輔助，把量子位元的狀態（ψ）從一個位置傳送到另一個位置的程序。此程序總結在圖 5-8。

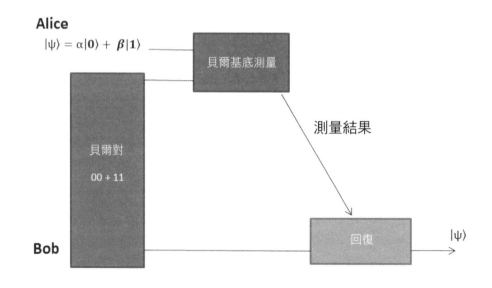

圖 5-8　量子遙傳工作流程

1. 一開始，Alice 與 Bob 共享一對糾纏量子位元的貝爾對。一個位元送到 Alice 那兒，另一個則到位於不同位置、遠端的 Bob 處。貝爾對可以看成由第三方（Eve）製備。

2. Alice 準備其量子位元，使其處於狀態 $|\psi\rangle = \alpha|0\rangle + \beta|1\rangle$ 進行遙傳。接著她對自己的量子位元以及由 Eve 提供、來自於貝爾對的糾纏位元執行貝爾基底測量。然後以傳統方法將測量結果傳送給 Bob。

3. 此時 Bob 的量子位元處於「事後」狀態—因為它是 Alice 測量結果的函數。這是了解整個程序的關鍵，請記得他們倆人分享了一個糾纏量子位元。因此我們即將看到，透過應用適當的量子閘，Bob 可以如何回復 Alice 創建的原狀態 ψ。

為了搞清楚，讓我們來檢視 Bob 在 Alice 測量後、回復操作執行前的事後狀態。我們寫下跟程序有關的 3 個量子位元的連結狀態。注意為了簡單起見，我們先忽略右矢記號的完整寫法。假設 Alice 的狀態為 $|\psi\rangle = \alpha|0\rangle + \beta|1\rangle$，如果將它與 Eve 提供之貝爾對的共享糾纏量子位元結合起來，便可得到

$$(\alpha 0 + \beta 1)(00 + 11) = \alpha 000 + \alpha 011 + \beta 100 + \beta 111 \tag{1}$$

現在得依據貝爾基底態寫出前兩個量子位元的狀態

B0 = 00 + 11	00 = B0 + B2
B1 = 10 + 01	01 = B1 − B3
B2 = 00 − 11	10 = B1 + B3
B3 = 10 − 01	11 = B0 − B2

第（1）式變成了

$$(\alpha 0 + \beta 1)(00 + 11) = B0\,(\alpha 0 + \beta 1) + B1\,(\alpha 1 + \beta 0) + B2\,(\alpha 0 - \beta 1) + B3\,(-\alpha 1 + \beta 0) \tag{2}$$

第（2）式顯示在 Alice 測量後，3 個量子位元的狀態。從（2）式量子位元的事後狀態（括號裡的狀態），Bob 便知道如何回復 Alice 的狀態 ψ。表 5-5 有更清楚的展示。

表 5-5　量子遙傳回復

貝爾態	事後狀態	Bob 的回復操作
B0	$\alpha0 + \beta1$	ψ
B1	$\alpha1 + \beta0$	$X\psi$
B2	$\alpha0 - \beta1$	$Z\psi$
B3	$-\alpha1 + \beta0$	$ZX\psi$

　　總之，量子遙傳協定透過讓相隔遠端的兩方分享一對糾纏貝爾對，提供了一套回復任何量子位元的狀態 ψ 的方法—所以才被稱為遙傳。現在讓我們來打造協定所需電路，然後在模擬器上執行，最後檢視結果。

作曲家程式中的電路

圖 5-9 顯示量子遙傳協定的作曲家電路及執行結果（跑在模擬器上，暫時先不用實際裝置）：

- 障礙線符號（點狀線）左方的閘代表由第三方（Eve）製備的貝爾對：量子位元 1、2。

- Alice 製備其量子位元（0），使其處於狀態 ψ。ψ 的實際值無關緊要，因為在程序的最後階段會被 Bob 回復。Alice 從 Eve 收到量子位元 1，另外量子位元 2 傳送給 Bob。

- Alice 測量手頭上的量子位元 0 與 1（顯示在點狀線右方），然後把結果以傳統方法傳送給 Bob。

- 依據 Alice 送來的測量結果，Bob 應用前一節提及的回復規則在量子位元 2 上。最後在測量量子位元 2 之後，Bob 成功回復了 Alice 原先創造的狀態 ψ。所有這些事情得以實現的原由是：Alice 與 Bob 分享一對糾纏的量子位元，才使得協定運作無誤。

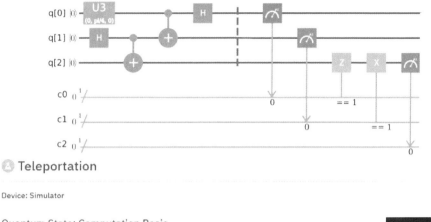

Teleportation

Device: Simulator

Quantum State: Computation Basis

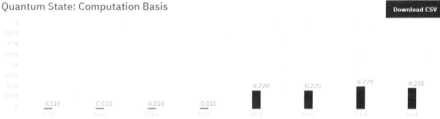

圖 5-9　作曲家底下的量子遙傳電路

　　當然，圖 5-9 的執行結果還得修整一下才能驗證 Bob 回復的 ψ 是否與 Alice 的一致。做這件事最好的方法是利用 Python 腳本。下一節我們要從遠端執行同樣的電路，從結果來驗證協定是否正確無誤。

使用 Python 遠端執行

本節要使用 Python 在遠端的模擬器執行量子遙傳協定。請注意目前量子遙傳還無法在 IBM Q Experience 的**實際量子裝置**執行，這是因為硬體尚未支援產生 Alice 的 ψ 狀態所需的旋轉閘。所以我們會改用遠端的模擬器—本地的 Python 模擬器也行。列表 5-3 顯示實際作用的協定。特別一提的是：

- 創建由兩方（Alice 與 Bob）共享的 3 個量子位元，以及 3 個傳統暫存器（c0、c1、c2）用來儲存 Alice 的結果（20-23 行）。

- Eve 製備貝爾對：將 Hadamard 閘（H）、接著是受控非閘（CNOT）作用到量子位元 1 和 2（35-37 行）。

- Alice 透過針對第 0 量子位元、依 Y 軸旋轉 $\pi/4$ 強度，製備狀態 ψ（32 行）。

- Alice 現在讓量子位元 0 和傳給她的貝爾對的其中一個量子位元（1）產生糾纏。接著對兩個位元進行測量，把結果存到傳統暫存器 0 與 1（35-41 行）。

- 現在輪到 Bob 了：依照 Alice 傳來不同的結果，Bob 會以 Z 或 X 閘作用在他的量子位元 2—如果傳統暫存器 0 的值是 1，就套用 Z 閘；如果傳統暫存器 1 的值是 1，就套用 X 閘。接著再測量自己的量子位元，把結果存到傳統暫存器 2（47-50 行）。

- 程式在遠端模擬器執行（ibmq_qasm_simulator），再蒐集結果顯示及驗證（58-79 行）。

TIP　程式碼位於 Workspace\Ch05\p05-teleport.py。

列表 5-3　量子遙傳的 Python 腳本

```
import sys,time,math
import numpy as np

# 匯入 QISKit
from qiskit import QuantumCircuit, QuantumProgram

# 設定 Q Experience
sys.path.append('../Config/')
import Qconfig

# 匯入基本畫圖工具
```

```python
from qiskit.tools.visualization import plot_histogram

def main():
    # 量子程式設定
    Q_program = QuantumProgram()
    Q_program. register(Qconfig.APItoken, Qconfig.config["url"])

    # 建立暫存器
    q = Q_program.create_quantum_register('q', 3)
    c0 = Q_program.create_classical_register('c0', 1)
    c1 = Q_program.create_classical_register('c1', 1)
    c2 = Q_program.create_classical_register('c2', 1)

    #製備共享糾纏態（貝爾對）的量子電路
    teleport = Q_program.create_circuit('teleport', [q], [c0,c1,c2])
    teleport.h(q[1])
    teleport.cx(q[1], q[2])

    # Alice 製備將被遙傳的量子態
    # psi = a|0⟩ + b|1⟩ where a = cos(theta/2), b = sin (theta/2), theta = pi/4
    teleport.ry(np.pi/4,q[0])

    # Alice 先以 CNOT、再用 H 套用到她的兩個量子態使其產生糾纏
    teleport.cx(q[0], q[1])
    teleport.h(q[0])
    teleport.barrier()

    # Alice 測量她的兩個量子態
    teleport.measure(q[0], c0[0])
    teleport.measure(q[1], c1[0])

    circuits = ['teleport']
    print(Q_program.get_qasms(circuits)[0])
```

```
    ##### 依照不同的結果，BOB 套用 X、Z 或兩者到他的狀態
    teleport.z(q[2]).c_if(c0, 1)
    teleport.x(q[2]).c_if(c1, 1)

    teleport.measure(q[2], c2[0])

    # 傾印組合語言碼
    circuits = ['teleport']
    print(Q_program.get_qasms(circuits)[0])

    # 在模擬器執行（實際裝置還未支援）
    #backend = "local_qasm_simulator"
    backend = "ibmq_qasm_simulator"
    shots = 1024        # 實驗的重複次數

result = Q_program.execute(circuits, backend=backend, shots=shots
        , max_credits=3, timeout=240)

print("Counts:" + str(result.get_counts("teleport")))

    # 結果
    # Alice 的測量
    data = result.get_counts('teleport')
    alice = {}
    alice['00'] = data['0 0 0'] + data['1 0 0']
    alice['10'] = data['0 1 0'] + data['1 1 0']
    alice['01'] = data['0 0 1'] + data['1 0 1']
    alice['11'] = data['0 1 1'] + data['1 1 1']
    plot_histogram(alice)

    #BOB
    bob = {}
    bob['0'] = data['0 0 0'] + data['0 1 0'] + data['0 0 1'] + data['0 1 1']
    bob['1'] = data['1 0 0'] + data['1 1 0'] + data['1 0 1'] + data['1 1 1']
    plot_histogram(bob)
```

```
##########################################
# main
if __name__ == '__main__':
  start_time = time.time()
  main()
  print("--- %s seconds ---" % (time.time() - start_time))
```

要驗證結果，必須從 Alice 及 Bob 蒐集由模擬器傳回來的輸出結果計數值。針對這些結果繪圖是驗證 Alice 的狀態 ψ 是否已被 Bob 回復的最好方法。以下是模擬器傳回來的一個結果樣本：

```
{'1 0 0': 37, '1 0 1': 45, '1 1 1': 43, '0 1 1': 215, '0 0 1': 200, '0 0 0': 206,
'0 1 0': 230, '1 1 0': 48}
```

在此 JSON 字串中，左邊是 3 個量子位元順序相反的輸出結果。例如，第一個輸出 1 0 0：B(1) A(0) A(0)，此處 Alice = A、Bob = B。冒號右邊則是該特定結果的計數值。請記得此結果的機率（為了繪圖需要）計算方式是將此計數值除以總執行次數（1024），所以

```
P(1 0 0) = 37/1024 = 0.036
```

列表 5-3 執行結果繪製的直方圖（Alice 與 Bob）顯示在圖 5-10。

Alice

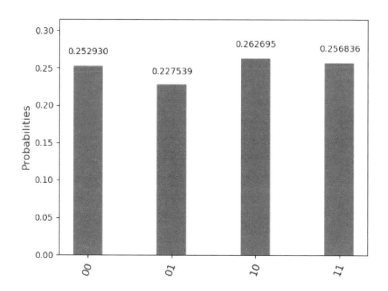

Bob

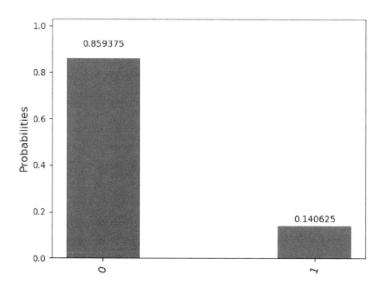

圖 5-10　Alice 與 Bob 測量結果的機率值

所以這些結果的意義為何？我們怎麼知道 Bob 成功回復了狀態 ψ？讓我們更仔細檢視結果。

檢視結果

要解釋這些結果，首先來看如何從列表 5-3 傳回的計數值進行機率的計算：

{'1 0 0': 37, '1 0 1': 45, '1 1 1': 43, '0 1 1': 215, '0 0 1': 200, '0 0 0': 206, '0 1 0': 230, '1 1 0': 48}

利用這些計數值便可計算 Alice 與 Bob 輸出結果（圖 5-10）的機率（表 5-6）。

表 5-6　量子遙傳實驗的機率結果

列			結果	計數值	機率	Alice	機率和
0	Alice(00)	Bob(0)	0 0 0	206	0.201171875	0 0	0.237304688
1	Alice(01)	Bob(0)	0 0 1	200	0.1953125	1 0	0.239257813
2	Alice(10)	Bob(0)	0 1 0	230	0.224609375	0 1	0.271484375
3	Alice(11)	Bob(0)	0 1 1	215	0.209960938	1 1	0.251953125
4	Alice(00)	Bob(1)	1 0 0	37	0.036132813		
5	Alice(01)	Bob(1)	1 0 1	45	0.043945313	**Bob**	
6	Alice(10)	Bob(1)	1 1 0	48	0.046875	0	0.831054688
7	Alice(11)	Bob(1)	1 1 1	43	0.041992188	1	0.168945313

如表 5-6 所示，要計算 Alice 結果為 00 的總機率，必須把第 0 列和第 4 列的機率行相加。也就是說，P(A00) = 0.201 + 0.036 = 0.237。同樣的規則也適用於 Bob，例如 P(B0) = 0.20 + 0.19 + 0.22 + 0.20 = 0.83（把列 0-3 的機率行相加）。Alice 和 Bob 所有可能的輸出結果顯示在表格右方。這就是列表 5-3 的

腳本在畫出圖 5-10 之前，對資料所做的處理。但這些數字的意義為何？我們又怎麼知道 Bob 回復了 Alice 的 ψ？這裡來看 Bob 量子位元的總機率：

```
Bob
0        0.20 + 0.19 + 0.22 + 0.20 = 0.83
1        0.036 + 0.043 + 0.046 + 0.041 = 0.168
```

量子力學陳述 ψ 的機率是 P(ψ)=| ψ|²，也就是說機率密度是 ψ 之模數（modulus）的平方。記得 Alice 製備 ψ 是透過

$$\Psi = RY(\theta)\, Where\, \theta = \frac{\pi}{4}$$

也就是 Alice 的量子位元對 Y 軸旋轉 π/4。為得到更清楚的了解，我們利用幾何來視覺化 ψ 狀態（圖 5-11）：

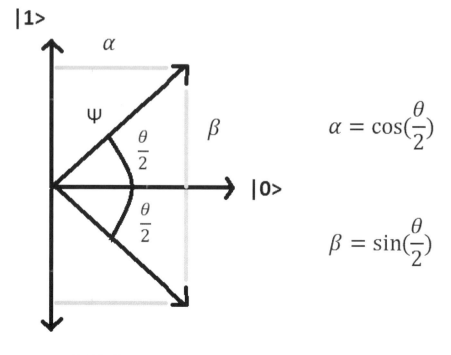

圖 5-11　Alice 的疊加態 ψ

記得疊加態 ψ 乃以複數係數 α 及 β 描述

$$\psi = \alpha|0\rangle + \beta|1\rangle$$

機率 $|0\rangle=|\alpha|^2$，機率 $|1\rangle=|\beta|^2$

從圖 5-11，係數可表示成 $\alpha=\cos(\theta/2)$、$\beta=\sin(\theta/2)$。所以如果 $\theta=\pi/4$，則

$$機率（\alpha）= |\cos(\pi/8)|^2 = 0.85$$

$$機率（\beta）= |\sin(\pi/8)|^2 = 0.14$$

此與遙傳列表 5-3 產生圖表的 Bob 結果（圖 5-12）相符。成功了！

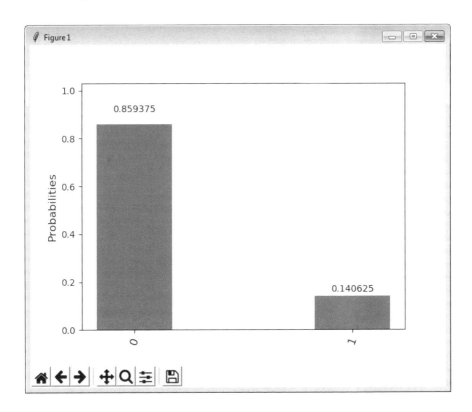

圖 5-12　Bob 的遙傳結果

　　我們已經跨出了解量子系統非凡資訊處理能力的第一步。本章從一個簡單、利用量子力學的隨機本質為來源，以產生隨機數的程序開始。我們也探索兩個奇怪的協定：用來編碼古典資訊的超密編碼，以及由遠端的夥伴回復量子位元狀態的量子遙傳。我們利用 IBM Q Experience 的電路，還有在遠端模擬器或實際量子裝置上執行的 Python 腳本來解說這些協定。我們蒐集並解釋結果，使讀者了解背後的機制。下一章會探索量子計算比較輕鬆的一面，找點樂子—利用量子閘創造一個簡單的遊戲，讓我們在研習後面內含繁重內容的章節之前，可以先輕鬆一下。

CHAPTER 6

玩轉量子遊戲

本章會學習如何在量子電腦實作基本的遊戲，為此我們會利用跟著 QISKit Python 教學一起流通、很典型的量子戰艦遊戲。第一部分會先探討遊戲機制，包括：

- 利用量子位元表示船在遊戲板上的位置

- 如何利用本地、遠端模擬器或實際量子裝置，執行量子程式以計算損壞百分比

- 如何使用量子部分非（partial NOT）閘，使單個量子位元在 X 軸上旋轉

但還不僅於此，本章第二部分將整個探討提升到另一個層次。我們將展示如何實作雲端的量子戰艦，把遊戲整個改頭換面。它有如下的特色：

- 互動功能板是以瀏覽器為基礎的使用者介面，可放置船舶或炸彈。不過遊戲機制仍保持原樣。

- 使用 Apache 網站伺服器的 CGI 腳本來處理遊戲事件以及把事件發送給量子程式。

© Vladimir Silva 2018
V. Silva, *Practical Quantum Computing for Developers*, https://doi.org/10.1007/978-1-4842-4218-6_6

- 修改原來量子程式使其能對量子位元執行部分非旋轉操作，以計算船舶的損壞程度。大部分原來的程式碼仍保持不動。

讀者將學習如何為不同取向的雲端量子戰艦遊戲，模組化及重複使用原來的程式碼。讓我們出發吧！

不太一樣的量子戰艦

本節要探索一個隨著 QISKit Python 教學一起流通、稱為量子戰艦的遊戲。程式使用 5 個量子位元代表遊戲板，每個玩家可以在上面放置三艘船。接著遊戲要求每個玩家在位置 0 到 5 放置一個炸彈，最後使用量子程式計算每艘船的損壞。該程式使用兩脈波單一量子位元閘 *U3*（*theta,phi,lambda*）：此閘被稱為部分非閘，其進行的操作是在 X、Y、Z 軸上面旋轉 theta、phi、lambda 強度。

```
4       0
|\     /|
| \   / |
|  \ /  |
|   2   |
|  / \  |
| /   \ |
|/     \|
3       1
```

在此特殊情形下，船舶損壞的計算乃透過利用該位置的炸彈數目、在 X 軸上執行一系列的部分旋轉（theta）操作。如果某位置（或船）的損壞超過 95%，該船便被摧毀。一旦某個玩家的整個艦隊覆滅，贏家就產生了也同時宣告遊戲的結束。這不過是我們從小就玩過的標準戰艦遊戲，只不過背地裡使用量子電腦或模擬器。

NOTE 本遊戲由 Basel 大學的 James Wootton 創作，並貢獻給 QISKit Python 教學材料。本書原始碼有一個經過修改的 Wootton 版本，可以在 Workspace\Ch06\battleship\BattleShip.py 找到（這裡省略了一些不必要的花俏文字）。

讓我們來執行程式，並且探討遊戲機制。

設定指令

依據下方段落的描述，從本書原始碼執行 *BattleShip.py*：

- 如果是 CentOS 6/7 或任何類似 Fedora 的作業系統，請啟動你的 Python 虛擬環境。此步驟只在有多個版本的 Python 時才需要，比如同時有 2.7 和 3.6。記得必須使用 3.5 或更新的版本。如何設定虛擬 Python 環境的做法在第 3 章已經討論過。

- 拷貝原始碼 Workspace/Ch06/battleship/BattleShip.py 腳本和設定檔案 *Qconfig.py* 到你的工作空間，然後執行（如下片段所示）。

  ```
  # 啟動位於 $HOME/qiskit/qiskit 的 Python3 虛擬環境
  $ source $HOME/qiskit/qiskit/bin/activate
  $ python BattleShip.py
  ############### Quantum Battle Ship ##################
  Do you want to play on the real device? (y/n) n
  ```

接著我們來看程式如何運作。

初始化

列表 6-1 顯示初始化腳本。它從執行基本的 Python 工作開始：

- 載入所有 QISKit 運作所需的系統程式庫：sys 和 QuantumProgram。

- 確認使用的 Python 是 3.5 或更新的版本。

- 詢問想使用模擬器或實際的量子電腦，然後設定重複執行的次數為預設的 1024。

列表 6-1　初始化腳本

```
##################################
# 教材裡的量子戰艦遊戲，位於
# https://github.com/QISKit/qiskit-tutorial
##################################
import sys

# 檢查 Python 版本；這裡只支援 > 3.5
if sys.version_info < (3,5):
    raise Exception('Please use Python version 3.5 or greater.')

from qiskit import QuantumProgram
import Qconfig
import getpass, random, numpy, math

## 1. 選擇後台 IBM 模擬器（ibmqx_qasm_simulator）或實際晶片 ibmqx2

d = input("Do you want to play on the real device? (y/n)\n").upper()
if (d=="Y"):
    device = 'ibmqx2'
else:
    device = 'ibmqx_qasm_simulator'

# 注意裝置應該是 'ibmqx_qasm_simulator'、'ibmqx2' 或 'local_qasm_simulator'
# 在此也同時設定重複執行的次數
shots = 1024
```

TIP　要在實際裝置上跑量子程式，必須把設定檔案（Qconfig.py）和主要腳本放在一起。設定裡面包含所需的 API 通證以及 IBM Q Experience 端點。

```
APItoken = 'YOUR API TOKEN'
config = {
    'url': 'https://quantumexperience.ng.bluemix.net/api',
}
```

現在讓我們開始在板子上放一些船吧。

設定船在板上的位置

這個程式使用基本的文字介面作為使用者輸入的工具。列表 6-2 顯示玩家輸入船舶資訊的邏輯。從按下 Enter 開始，然後每個玩家敲入最多三艘船的位置（位置從 0 開始）。

- 腳本可以跳過使用者選擇，並選擇隨機的位置。否則玩家必須輸入三艘船的位置。

- 位置資訊存放在二維串列 shipPos，其中 shipPos[0] 存放第一位玩家的位置，ShipPos[1] 存放第二位玩家的位置。記得每個玩家只能有三艘船。

列表 6-2　設定船在板上的位置

```
####### 2. 玩家設定其板子
randPlace = input("> Press Enter to start placing ships...\n").upper()

# 變數 ship[X][Y] 存放玩家 X+1 的第 Y 艘船的位置
shipPos = [ [-1]*3 for _ in range(2)]

# 迴圈處理兩位玩家的全部三艘船
for player in [0,1]:

    # 如果選擇忽略玩家選擇而隨機設定，則進行
    if ((randPlace=="r")|(randPlace=="R")):
        randPos = random.sample(range(5), 3)
        for ship in [0,1,2]:
            shipPos[player][ship] = randPos[ship]
```

```
    else:
        for ship in [0,1,2]:

            # 詢問每艘船的位置
            choosing - True
            while (choosing):

                # 讀取玩家輸入
                position = getpass.getpass("Player " + str(player+1)
                  + ", choose a position for ship " + str(ship+1) +
                  " (0-4)\n" )

                # 檢查輸入是否合法，如果不是要求重新輸入
                if position.isdigit(): # 必須是整數才是有效答覆
                    position = int(position)
            # 位置必須在 0 和 5 之間
                    if (position in [0,1,2,3,4]) and (not position in
                    shipPos[player]):
                        shipPos[player][ship] = position
                        choosing = False
                        print ("\n")
                    elif position in shipPos[player]:
                        print("\nYou already have a ship there. Try
                        again.\n")
                    else:
                        print("\nThat's not a valid position. Try again.\n")
                else:
                    print("\nThat's not a valid position. Try again.\n")
```

以下段落顯示標準輸出—雖然很原始，但是到目前為止都還正常。

```
Do you want to play on the real device? (y/n)
n
Player 1, choose a position for ship 1 (0, 1, 2, 3 or 4)
0
Player 1, choose a position for ship 2 (0, 1, 2, 3 or 4)
```

```
1
Player 1, choose a position for ship 3 (0, 1, 2, 3 or 4)
2

Player 2, choose a position for ship 1 (0, 1, 2, 3 or 4)
0
Player 2, choose a position for ship 2 (0, 1, 2, 3 or 4)
1
Player 2, choose a position for ship 3 (0, 1, 2, 3 or 4)
2
```

有趣的部分在主迴圈，我們接著來看看。

主迴圈及結果

主迴圈執行下列任務：

- 要求兩位玩家放置一顆炸彈於位置[0-4]。炸彈計數存放於一個 5 個元素的二維串列（兩個玩家、5 個炸彈計數）。注意玩家可以轟炸同一個位置好幾次，因此如果玩家 1 轟炸位置 0 兩次，則 bombs = [[2,0,0,0,0],[0,0,0,0,0]]。

- 建立有 5 個量子位元的 QuantumProgram、以及 5 個存放測量結果的傳統暫存器。

- 如果炸彈位置與敵對方船舶位置相符，那麼要計算炸彈造成的損壞便透過利用單一量子位元的部分非閘，依據 X 軸執行一次旋轉操作：gridScript.u3(1/(ship +1) * math.pi, 0.0, 0.0, q[position])。

- 要完成整個電路，還得對與位置相關的量子位元進行測量，並將結果存放在個別的傳統暫存器：gridScript.measure(q[position], c[position])。

- 接著讓程式在目標裝置執行，並且把結果存放在二維串列 grid。例如如果玩家 1 的位置 0 被轟炸，則 grid = [[1,0,0,0,0],[0,0,0,0,0]]。下面段落顯示其如何完成：

```
results = Q_program.execute(["gridScript"], backend=device,
shots=shots)
grid[player] = results.get_counts("gridScript")
```

- 檢查結果看有無錯誤。如果沒有錯誤且 grid 串列在該位置有個 1 的話，則計算介於 [0,1] 的損壞百分比。百分比存放於二維串列 damage。因此 damage 如為 [[0.95, 0, 0, 0, 0], [0, 0, 0, 0, 0]] 顯示玩家 1 在位置 0 的船已被摧毀。

- 最後以簡單的文字介面將結果呈現給玩家。此程序不斷重複直到一方船隻全被摧毀，也同時宣告另一方的勝利（參見列表 6-3）。

列表 6-3　戰艦遊戲主迴圈

```
?         100%
|\       /|
| \     / |
|  \   /  |
|   ?     |
|  / \   |
| /   \ |
|/     \|
?         ?
```

```
########## 3. 主迴圈
# 每次迭代從詢問玩家要把炸彈放在對方的哪個格點位置開始
# 量子電腦計算炸彈的效應並呈現結果
# 遊戲一直持續到有位玩家的所有船舶皆被摧毀為止
# 變數 bombs[X][Y] 存放位置 Y 被玩家 X+1 轟炸了多少次
bomb = [ [0]*5 for _ in range(2)] # 所有值初始化為 0

# 變數 grid[player] 存放每位玩家格點上的結果
```

```
grid = [{},{}]

while (game):

    input("> Press Enter to place some bombs...\n")

    # 詢問兩位玩家要轟炸的位置
    for player in range(2):

        print("\n\nIt's now Player " + str(player+1) + "'s turn.\n")

        # 持續詢問直到給出有效的答案
        choosing = True
        while (choosing):

            # 讀取玩家輸入
            position = input("Choose a position to bomb (0, 1, 2, 3
            or 4)\n")

            # 檢查輸入是否合法，如果不是要求重新輸入
            if position.isdigit(): # 必須是整數才是有效答覆
                position = int(position)
                if position in range(5):
                    bomb[player][position] = bomb[player][position] + 1
                    choosing = False
                    print ("\n")
                else:
                    print("\nThat's not a valid position. Try again.\n")
            else:
                print("\nThat's not a valid position. Try again.\n")

    # 現在已建好量子程式，可以為每位玩家執行了
    for player in range(2):

    if device=='ibmqx2':
        print("\nUsing a quantum computer for Player " + str(player+1)
```

```
            + "'s ships.\n")
    else:
        print("\nUsing the simulator for Player " + str(player+1) + "'s
        ships.\n")
```

現在設好量子程式（QASM）以進行玩家的格點模擬

```
    Q_program = QuantumProgram()
# 設定 APIToken 及 API 的 url
Q_program.set_api(Qconfig.APItoken, Qconfig.config["url"])
# 宣告 5 量子位元的暫存器
q = Q_program.create_quantum_register("q", 5)
#宣告儲存測量結果的 5 傳統位元暫存器
c = Q_program.create_classical_register("c", 5)
# 建立電路
gridScript = Q_program.create_circuit("gridScript", [q], [c])

# 加入炸彈（來自敵對方）
for position in range(5):
    # 加入在該位置曾被放置的所有炸彈
    for n in range( bomb[(player+1)%2][position] ):
        # 炸彈的有效性
        # (亦即我們套用的量子操作)
        # 依哪艘船而定
        for ship in [0,1,2]:
            if ( position == shipPos[player][ship] ):
                frac = 1/(ship+1)
                # 把這部分的 NOT 加到 QASM
                gridScript.u3(frac * math.pi, 0.0, 0.0,
                q[position])

# 最後對它們進行測量
for position in range(5):
    gridScript.measure(q[position], c[position])
    # 要知道量子電腦被要求執行的任務為何，可印出 QASM 檔案
    # 這一行通常被註解掉
```

```
#print( Q_program.get_qasm("gridScript") )

    # 編譯與執行 QASM
    results = Q_program.execute(["gridScript"], backend=device,
    shots=shots)

    # 抽取資料
    grid[player] = results.get_counts("gridScript")

# 願意的話可以檢查資料
# 這幾行通常被註解掉
#print( grid[0] )
#print( grid[1] )

# 如果其中一次執行失敗，則通知玩家並重啟該回合
if ( ( 'Error' in grid[0].values() ) or ( 'Error' in grid[1].
values() ) ):

    print("\nThe process timed out. Try this round again.\n")

else:

    # 檢視所有量子位元顯示的損壞情況（包括沒有對應船隻的量子位元）
    ## 這裡儲存每位玩家每個量子位元為 1 的機率
    damage = [ [0]*5 for _ in range(2)]

    # 這裡以迴圈處理每個玩家所有的 5 位元字串
    for player in range(2):
        for bitString in grid[player].keys():
            # 然後針對所有位置
            for position in range(5):
                # 如果字串在該位置有個 1，則加上其對損壞的貢獻
                # 記得位置 0 的位元在最右邊，所以是 bitString[4]
                if (bitString[4-position]=="1"):
                    damage[player][position] += grid[player]
                    [bitString]/shots
```

```
# 對玩家顯示結果
for player in [0,1]:

    input("\nPress Enter to see the results for Player
    " + str(player+1) + "'s ships...\n")

    # 回報嚴重損壞船舶之量子位元所顯示的損壞情形
    # 理想情況下應該是非零的損壞值
    # 所以我們選擇 5% 作為臨界值
    display = [" ? "]*5
    # 迴圈處理代表船的所有量子位元
    for position in shipPos[player]:
        # 如果損壞夠高則顯示損壞情形
        if ( damage[player][position] > 0.1 ):
            if (damage[player][position]>0.9):
                display[position] = "100%"
            else:
                display[position] = str(int( 100*damage[player]
                [position] )) + "% "
    print("Here is the percentage damage for ships that have been
    bombed.\n")
    print(display[ 4 ] + "    " + display[ 0 ])
    print(" |\      /|")
    print(" | \    /  |")
    print(" |  \ /   |")
    print(" |   " + display[ 2 ] + "  |")
    print(" |  / \   |")
    print(" | /    \  |")
    print(" |/      \|")
    print(display[ 3 ] + "    " + display[ 1 ])
    print("\n")
    print("Ships with 95% damage or more have been destroyed\n")

    print("\n")
```

```
# 如果有位玩家船舶全被摧毀則遊戲結束
# 理想情況這表示 100% 損壞，但再次考慮雜訊所以我們將之設定為 90%
if (damage[player][ shipPos[player][0] ]>.9) and
  (damage[player][ shipPos[player][1] ]>.9)
    and (damage[player][ shipPos[player][2] ]>.9):
        print ("***All Player " + str(player+1) + "'s ships have
        been destroyed!***\n\n")
        game = False

    if (game is False):
        print("")
        print("=======GAME OVER=======")
        print("")
```

注意如果損壞超過 90%，船會被標記為已摧毀。列表 6-4 顯示一場遊戲互動的結果。

列表 6-4　一場遊戲互動下的標準輸出

```
> Press Enter to place some bombs...

It's now Player 1's turn.
Choose a position to bomb (0, 1, 2, 3 or 4)
0
It's now Player 2's turn.
Choose a position to bomb (0, 1, 2, 3 or 4)
0

We'll now get the simulator to see what happens to Player 1's ships.
We'll now get the simulator to see what happens to Player 2's ships.

Press Enter to see the results for Player 1's ships...
Here is the percentage damage for ships that have been bombed.
```

```
?        100%
|\       /|
| \     / |
|  \   /  |
|   ?   |
|  / \  |
| /   \ |
|/     \|
?        ?
Ships with 95% damage or more have been destroyed

Press Enter to see the results for Player 2's ships...
Here is the percentage damage for ships that have been bombed.
?        100%
|\       /|
| \     / |
|  \   /  |
|   ?   |
|  / \  |
| /   \ |
|/     \|
?        ?
```

　　因此主迴圈一直持續直到宣布勝利者。總之你已經學到如何使用量子電腦實作簡單的遊戲—透過單一量子位元在 X 軸的旋轉，進行簡單的損壞計算。這個版本雖然原始，仍然蠻有趣的。但是我們能做得更好。在下一節，我們要讓遊戲改頭換面。

雲端戰艦：為遠端存取進行修改

透過簡單文字就能在量子電腦上玩戰艦遊戲實在很酷。但是如果能在雲端透過瀏覽器玩同樣的遊戲，那就更酷了。我們會在本節修改量子戰艦遊戲，對其進行一次必要的「整容」（圖 6-1）。

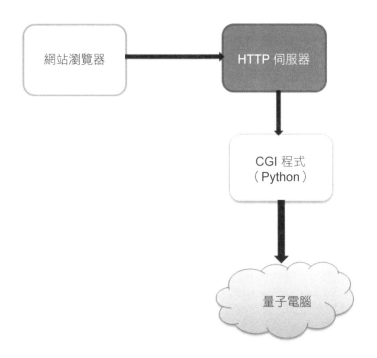

圖 6-1　雲端量子戰艦之配置

我們的想法是要達成：

- 捨棄枯燥的文字介面，改偏向於能部署在雲端的 HTML 頁面。

- 使用 Apache 伺服器的通用閘道器介面（CGI），透過一個對 CGI 提供絕佳支援的 Python 腳本部署量子邏輯。

- 讓玩家選擇計算裝置：本地或遠端模擬器、或者實際的量子裝置。

稍後幾節我們會以一系列的練習來完成上述的目標。

作業 1：讓使用者介面與遊戲邏輯脫鉤

物件導向設計有一項基本原則：展現（使用者介面）與商業邏輯絕不能混在一起，這樣模組化元件才能打造並在各處重複使用。如此可省下大筆時間與金錢。在戰艦遊戲中，我們必須移除或註解掉：

- 腳本第一段用來讀取每位玩家的船舶位置（好大一段程式碼），小心不要移除掉任何資料結構或變數。

- 所有的列印及鍵盤輸入敘述。

- 一直詢問於何處放置炸彈的遊戲主要 *while* 迴圈也得移除。腳本必須處理完來自於 HTTP 請求的資料後就得終止，它不能有無窮迴圈，否則請求會造成當機。

- 把 Python CGI 支援加入腳本，這樣便可從 HTTP 請求讀取資料，包括：

  - 每位玩家的船舶位置

  - 玩家的炸彈位置及計數

  - 執行量子計算的裝置

- 腳本必須透過 HTTP 回應傳回損壞報告（最好是 JSON 格式），讓瀏覽器以 Javascript 顯示此報告。

注意大部分程式碼會被重複使用：資料結構、區域變數、量子邏輯；只不過得註解掉所有輸入及列印敘述。此練習與其他練習的解答放在本節最後。

作業 2：打造船─砲彈圖板的網頁介面

此練習要打造一個類似文字 UI 的 HTML 圖形使用者介面，並使用 AJAX 非同步傳送請求至 CGI 腳本。等得到損壞結果之後，最後更新玩家板子的資訊。改善後的外觀顯示在圖 6-2。

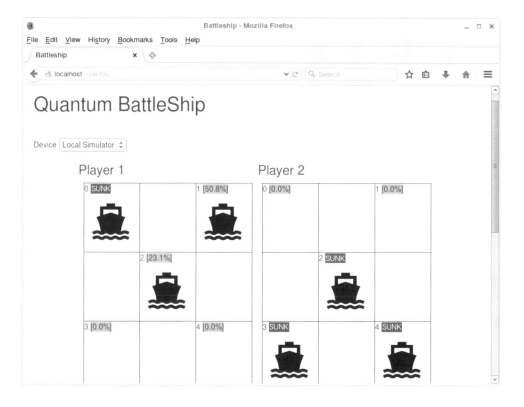

圖 6-2　新量子戰艦的使用者介面

- HTML 檔案有四個 3×3 板子。上面的板子用來放置三艘船的位置（使用 5 個量子位元）。這部分實作成 HTML 的核取方塊（<INPUT TYPE="checkbox">）。我們利用 CSS 以圖像替換開關按鈕，所以當玩家點擊核取方塊時，便會以船的圖像來切換。

- 下面的板子讓玩家可以在 5 個可能位置放置炸彈。這裡也使用跟前一段一樣的 CSS，但被實作為<INPUT TYPE="radio">，這樣一個位置便可放置多枚炸彈。

- 即使板子大小為 3×3，但為了對應量子程式裡的每個量子位元，所以只有 5 個位置可供使用者輸入。

- 每艘船的位置會顯示一個量子位元數字以及由後台傳回、彩色顯示的損壞百分比。

- 遊戲機制與文字版完全一樣。玩家在板上放置三艘船，然後輪流放置炸彈並點擊 Submit。Python CGI 腳本透過 AJAX 收到請求，接著執行練習 1 建立的量子程式，然後傳回損壞報告並利用 Javascript 顯示。

- 注意所有遊戲狀態、陣列、變數、及其他資料都存在客戶端 HTML。所以必須利用 AJAX **非同步地**傳送請求，否則每次玩家按下提交時資料都會遺失。這樣就不會更新頁面了。

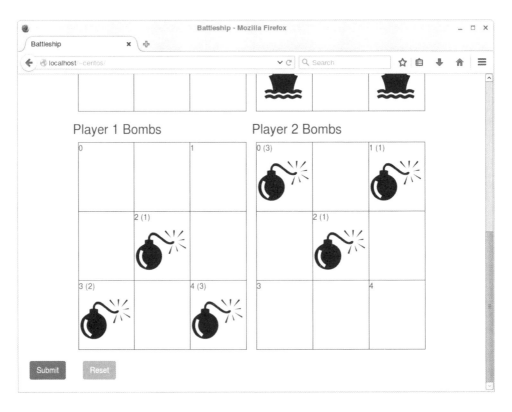

圖 6-3　量子戰艦的炸彈板

圖 6-3 顯示下面的 3×3 板子，板子上顯示一個量子位元數字、每個炸彈的點擊次數，以及利用 CSS 繪製的選項按鈕圖片。玩家放好三艘船並選擇要轟炸的位置，便可點擊 *Submit* 按鈕，以傳送 AJAX 請求至伺服器。還有一個重置（*Reset*）按鈕讓遊戲可隨時重來。注意所有狀態都存放在客戶端（瀏覽器），沒有資料由 Python 腳本儲存—因為 HTTP 是無狀態（stateless）的請求-回應協定。這表示在收到請求時，程式由網站伺服器執行，再列印回應至請求的輸出緩衝，然後程式中止。跟前面一個練習一樣，解答放在本節的最後。

作業 3：在 Apache HTTPD 部署及偵錯

一旦各項組件都到齊了，該是部署到網站伺服器的時候了。這裡使用 CentOS 6 的 Apache HTTPD，但是對任何 CentOS、Fedora、Red Hat 之類的應該都行才對（可能對目前任何有 Apache HTTPD 的 Linux 流通版本都行）。談到系統軟體的設定，每種系統仍有其特殊之處。例如 CentOS 專注在穩定及安全性，所以我在設定 HTTPD 及 Python 時花了不少功夫。

解答 1：可重用的 Python 程式

這一節展示 Python CGI 腳本，它會從瀏覽器接收 HTTPD 請求、然後回覆一個包含損壞報告及其他資訊的 JSON 字串。程式的第一部分沒有更動，除了輸入現在乃透過 Python 的 *cgi* 程式庫剖析 HTTP 請求而取得（列表 6-5）。

列表 6-5　模組化量子戰艦程式之初始化

```
import sys
from qiskit import QuantumProgram
import Qconfig
import getpass, random, numpy, math


import cgi
import cgitb
```

```
# 解決相對依存關係─如果是從 Git 版本庫克隆 QISKit 並且像全域般使用的話
sys.path.append('../../qiskit-sdk-py/')

# 偵錯
cgitb.enable(display=0, logdir=".")

# 變數 ship[X][Y] 儲存玩家 X+1 第 Y 艘船的位置
# 所有值初始化成不可能的位置 -1|
shipPos = [ [-1]*3 for _ in range(2)]

# 變數 bombs[X][Y] 儲存位置 Y 被玩家 X+1 轟炸的次數
bomb = [ [0]*5 for _ in range(2)] # 所有值初始化為 0
```

列表 6-5 顯示腳本的第一段。6-7 行匯入 Python 程式庫 **cgi** 與 **cgitb**（CGI 工具箱），分別用於透過 HTTP 請求讀取資料、以及偵錯 CGI 程式。

TIP　下一段有幾行程式會啟動特殊的例外處理程式，它會在發生任何錯誤時於瀏覽器顯示詳細的報告。

```
import cgitb
cgitb.enable()
```

請記得如果有錯誤發生，我們無法顯示程式的詳細狀況─因為客戶端期待一個 JSON 格式的回應，所以我們必須利用類似下面的程式，把任何錯誤報告另外儲存到當下的工作目錄：

```
cgitb.enable(display=0, logdir=".")
```

前面的程式讓我們在發展階段避免許多令人頭痛的問題，因為任何例外狀況皆會被傾印到現在工作目錄下一個簡潔的 HTML 文件裡。此文件的格式顯示在本章的「偵錯」一節。列表 6-5 也顯示用來儲存遊戲狀態的資料結構，這些都跟舊版一樣：

- *shipPos*：存放每位玩家三艘船之位置的二維串列。位置被初始化為 -1，所以 shipPos = [[-1, -1, -1], [-1, -1, -1]]。

- *bomb*：存放每位玩家、每個位置之炸彈計數值的二維串列。此計數值初始化為 0，所以 bomb = [[0,0,0,0,0], [0,0,0,0,0]]。注意同個位置可被轟炸許多次，所以得存放計數值。此串列被用來計算船舶損壞程度。

接著腳本透過 HTTP 請求讀取遊戲資料（列表 6-6）。

列表 6-6 透過 HTTP 請求讀取資料

```
# CGI -剖析 HTTP 請求
form = cgi.FieldStorage()

ships1 = form["ships1"].value
ships2 = form["ships2"].value
bombs1 = form["bombs1"].value
bombs2 = form["bombs2"].value

# 'local_qasm_simulator'、'ibmqx_qasm_simulator'
device = str(form["device"].value)

shipPos[0] = list(map(int, ships1.split(","))) # [0,1,2]
shipPos[1] = list(map(int, ships2.split(","))) # [0,1,2]

bomb[0] = list(map(int, bombs1.split(",")))
bomb[1] = list(map(int, bombs2.split(",")))

stdout = "Ship Pos: " + str(shipPos) + " Bomb counts: " + str(bomb) + "<br>"
```

- 要透過 HTTP 請求讀取資料，可使用 form = cgi.FieldStorage()。此 CGI 呼叫透過請求將回傳鍵-值對（key-value pairs）的雜湊圖或字典，使我們得以利用抽取出查詢字串參數。在這個例子中，我們預期獲得的值有：

- *ships1*：有三個元素的 JSON 陣列，存放玩家 1 的船舶位置。

- *ships2*：有三個元素的 JSON 陣列，存放玩家 2 的船舶位置。

- *bombs1*：有五個元素的 JSON 陣列，存放玩家 1 的炸彈計數。

- *bombs2*：有五個元素的 JSON 陣列，存放玩家 2 的炸彈計數。

- *device*：執行量子程式的裝置。可以是：

  - *local_qasm_simulator*：包含在 QISKit 套件的本地模擬器

  - *ibmq_qasm_simulator*：IBM 提供的遠端模擬器

  - *ibmqx2*：IBM Q Experience 提供、5 量子位元的量子處理器

- Python 還有個很棒的地方，就是從 HTTP 請求得到的 JSON，可以輕易地以其絕佳的集合（collection）支援功能來應對：

```
shipPos[0] = list(map(int, ships1.split(",")))
bomb[0] = list(map(int, bombs1.split(",")))
```

TIP　Python 的 split(分隔符號)系統呼叫用在創建字串型態的元素串列，但我們需要的是整數串列。因此得利用 map(DATA-TYPE, LIST) 系統呼叫。注意在 Python 3，map 會傳回雜湊圖（字典），因此必須使用 list 系統呼叫將其轉換為所需的整數串列。這樣的做法很好，不但腳本可重用舊的資料結構，還可讓大部分的量子邏輯保持不變。

列表 6-6 的最後一行只是標準輸出的字串緩衝區，它會被傳回給瀏覽器作為偵錯用途。最後，在列表 6-7 顯示腳本的細節，大致上沒什麼變動。

列表 6-7　量子腳本主程式段落

```
# 變數 grid[player] 儲存每位玩家格點的結果
grid = [{},{}]

# 現在建立及執行為每位玩家實作在格點上的量子程式
```

```
for player in range(2):

    # 設定量子程式（QASM）來模擬玩家的格點

    Q_program = QuantumProgram()
    Q_program.set_api(Qconfig.APItoken, Qconfig.config["url"])

    # 宣告 5 量子位元的暫存器
    q = Q_program.create_quantum_register("q", 5)
    # 宣告儲存測量結果的 5-傳統位元暫存器
    c = Q_program.create_classical_register("c", 5)
    # 建立電路
    gridScript = Q_program.create_circuit("gridScript", [q], [c])

    # 加入炸彈（來自於敵對方）
    for position in range(5):
        #加入在該位置曾被放置的所有炸彈
        for n in range( bomb[(player+1)%2][position] ):
            # 炸彈的有效性
            # (亦即我們套用的量子操作)
            # 依哪艘船而定
            for ship in [0,1,2]:
                if ( position == shipPos[player][ship] ):
                    frac = 1/(ship+1)
                    # 把這部分的 NOT 加到 QASM
                    gridScript.u3(frac * math.pi, 0.0, 0.0, q[position])
    # 最後對它們進行測量
    for position in range(5):
        gridScript.measure(q[position], c[position])

    # 要知道量子電腦被要求執行的任務為何，可印出 QASM 檔案
    # 這一行通常被註解掉
    #print( Q_program.get_qasm("gridScript") )

    # 編譯與執行 QASM
```

```
results = Q_program.execute(["gridScript"], backend=device,
shots=shots)

# 抽取資料
grid[player] = results.get_counts("gridScript")

# 如果其中一次執行失敗，則通知玩家並重啟該回合
if ( ( 'Error' in grid[0].values() ) or ( 'Error' in grid[1].values() ) ):

    stdout += "The process timed out. Try this round again.<br>"

else:

    # 檢視所有量子位元顯示的損壞情況（包括沒有對應船隻的量子位元）
    damage = [ [0]*5 for _ in range(2)]

    # 這裡以迴圈處理每個玩家所有的 5 位元字串
    for player in range(2):
        for bitString in grid[player].keys():
            # 然後針對所有位置
            for position in range(5):
                # 如果字串在該位置有個 1，則加上其對損壞的貢獻
                # 記得位置 0 的位元在最右邊，所以是 bitString[4]
                if (bitString[4-position]=="1"):
                    damage[player][position] += grid[player][bitString]/
                    shots

    stdout += "Damage: " + str(damage) + "<br>"
```

原腳本的主段落有一些次要的修改：

- 所有列印敘述皆被移除—改用標準輸出字串緩衝區，將資訊傳回客戶端。這樣做是因為 Python 的 print 敘述會將資訊直接倒進 HTTP 的回應，讓傳回的 JSON 格式亂掉（Javascript 預期從 AJAX 應該獲得格式適當的 JSON）。注意這純粹是選擇性的，但對於把偵錯資訊傳回給

客戶端卻是很有用的一步。總之，你可以把所有的列印敘述指令都註解掉即可（當然如果有錯誤發生，就得多費功夫搞清楚問題所在）。

- 所有使用者輸入指令（讀取炸彈位置、按下 *Enter* 鍵繼續等等）都被移除。記得船的位置及炸彈計數現在都由 HTTP 的請求對應取得。

- 原腳本使用 while 無窮迴圈讀取炸彈位置。此迴圈被移除，否則腳本會跑個不停並且讓 HTTP 請求當掉。

最後，腳本會傳回一份 JSON 文件給瀏覽器，用來更新 UI（列表 6-8）。

列表 6-8　傳送回應給瀏覽器

```
# 回應
print ("Content-type: application/json\n\n")
print ("{\"status\": 200, \"message\": \"" + stdout + "\", \"damage\":" +
str(damage) + "}")
```

要使用 Python CGI 傳送回應給瀏覽器，只需將 HTTP 回應列印至標準輸出即可。也就是前面有一個或多個 HTTP 表頭，後面接著兩個換行、以及回應的本體。例如要傳送有關損壞資訊的 JSON 文件，可利用下面片段：

```
Content-type: application/json
{ "status" : 200, "message": "Device ibmqx_qasm_simulator", "damage":
[[0.5, 0, 0, 0, 0], [0, 0.9, 0, 0, 0]]}
```

前面的 JSON 文件指出了玩家 1 的 qubit(0) 及玩家 2 的 qubit(1) 顯示的船舶損壞。此文件由瀏覽器的 AJAX 程式剖析，然後更新螢幕上的值。

TIP　此練習的程式碼可以在 Workspace\Ch06\battleship\cgi-bin\qbattleship.py 找到。

解答 2：使用者介面

網頁使用一個 2×2 的 HTML 表格來繪製 4 個 3×3 的內部表格，用來代表個別玩家的船舶及炸彈板，如圖 6-4 及列表 6-9 所示。

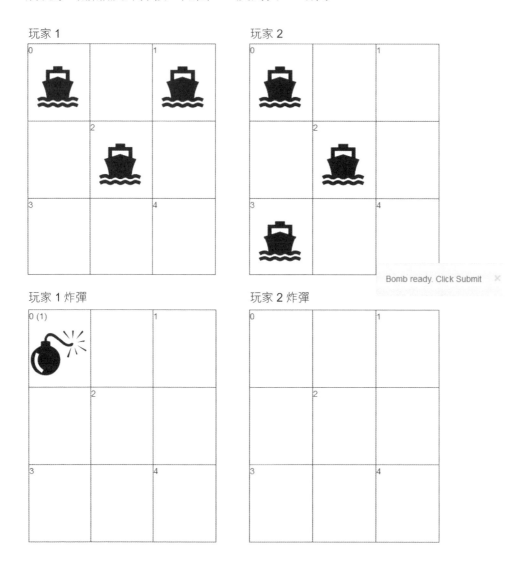

圖 6-4　量子戰艦使用者介面

列表 6-9　圖 6-4 的 HTML 程式碼

```html
<form id="frm1">
Device
<select id="device" name="device">
  <option value="local_qasm_simulator">Local Simulator</option>
  <option value="ibmqx_qasm_simulator">IBM Simulator</option>
  <option value="ibmqx2">ibmqx2</option>
</select>
   Place 3 ships per player, place a bomb & click submit.
<table>
    <tr>
    <td>
        <div><h3>Player 1</h3></div>
        <script type="text/javascript"> table(1, 's')</script>
    </td>
    <td>
        <div><h3>Player 2</h3></div>
        <script type="text/javascript"> table(2, 's')</script>
    </td>
    </tr>
    <tr>
    <td>
        <div><h3>Player 1 Bombs</h3></div>
        <script type="text/javascript"> table(1, 'b')</script>
    </td>
    <td>
        <div><h3>Player 2 Bombs</h3></div>
        <script type="text/javascript"> table(2, 'b')</script>
    </td>
    </tr>
</table>
</form>
```

　　3×3 板子乃透過 document.write() 系統呼叫動態繪製，如列表 6-10 所示。

列表 6-10　利用 document.write()動態繪製表格

```javascript
// type: 's' (ship) = checkbox, 'b' (bomb) = radio
function table (player, type) {
  var d      = document;
  var html   = '<table border="1">\n';
  var qubit = 0;

  for ( var i = 0 ; i < 3 ; i ++) {
    html += '<tr>';

    for ( var j = 0 ; j < 3 ; j ++) {
      if ( (i + j) % 2 == 0) {
        var id      = 'p' + player + type + qubit++;

        // checkbox = ship , radio = bomb
        var itype = type == 's' ? 'checkbox' : 'radio';
        var extra = type == 'b' ? ' onclick="cell_click_bomb(this)"'
              : ' onclick="return cell_click_ship(this)"';

        // <TD> SHIP-INDEX DAMAGE IMAGE </TD>
        html += '<td>' + (qubit - 1)
            + ' <span id="' + type + player + (qubit -1 ) + '"></span>'
            + '<input id="' + id + '" name="' + id + '" type="' + itype
            + '"' + extra + '>'
            + '<label for="' + id + '" class="ship"> </label></td>'
      }
      else {
        html += '<td> </td>';
      }
    }
    html += '</tr>\n';
  }
  html += '</table>';

  d.write(html);
}
```

表 6-1　雲端戰艦使用者介面提示與技巧

我們利用樣式表隱藏核取方塊及選項按鈕。第 1-2 行的選擇器使用否定偽類別（negation pseudo-class），使得規則對於舊瀏覽器來說是透明的。第 3-5 行設定寬度、邊距（margin）、內距（padding），使能正確地放置替代圖案。第 6 行設定讓標準使用者介面不可見的不透明度。

船舶表格的每個單元格顯示了

- 量子位元號碼
- 顯示損壞百分比的 HTML 跨度元素（span element）
- 修改過的<INPUT type="checkbox">，令其使用一個 100x100 像素的圖案而非常見的控制樣貌

```
input[type=checkbox]:not(old),
input[type=radio   ]:not(old){
width   : 104px;
margin  : 0;
padding : 0;
opacity : 0;
}


input[type=checkbox]:not(old) + label
{
display     : inline-block;
margin-left  : -104px;
padding-left : 104px;
background   : url('img/ship.png')
               no-repeat 0 0;
line-height  : 100px;
}
```

這裡放置標籤並顯示未核取的圖案。第 2 行設定將標籤以行內區塊（inline-block）元素顯示，使得第 6 行可以設定高度為替代圖片的高度、並且將文字置中垂直排列。第 3 行利用負的邊距來涵蓋標準使用者介面會顯示的範圍，第 4 行則利用內距將標籤文字還原至正確的位置。這裡使用的 104 像素值等於圖案寬度再加上一些額外的內距，使得標籤文字與圖案不會太靠近。第 5 行則在標籤文字前的空白處顯示未被核取的圖案。

（接續下表）

表 6-1　（續）

每個炸彈單元格內有

- 量子位元號碼
- 顯示該位置之炸彈計數的 HTML 跨度元素
- 利用 CSS 修改過的 <INPUT type="radio">，使其改用一個 100x100 像素的圖案而非常見的控制樣貌

用來格式化炸彈的樣式顯示於下方段落：

```
input[type=radio ]:not(old) + label{
display      : inline-block;
margin-left  : -104px;
padding-left : 104x;
background   : url('img/bomb.png')
               no-repeat 0 0;
line-height : 100px;
}
```

接下來如果核取盒及選項按鈕被選取時，便顯示選中的圖案：

```
input[type=checkbox]:not(old):checked
+ label{
background-position : 0 -100px;
}
input[type=radio]:not(old):checked +
label{
background-position : 0 -100px;
}
```

因為我們已經把各種狀態的圖案結合成一張圖案，前述的規則會修改背景的位置以顯示適當的圖案。

（接續下表）

表 6-1 （續）

透過便利好用的 jQuery、Bootstrap、Bootstrap-Growl 程式庫將訊息及除錯資訊顯示在 JS 控制台：	透過使用典型的 Bootstrap GUI 設計程式庫來美化 HTML。訊息則利用很棒的 JS 程式庫 Bootstrap-Growl 顯示在螢幕上：
``` <script type="text/javascript" src="js/log.js"></script> <script type="text/javascript" src="js/jquery.js"></script> <script type="text/javascript" src="js/bootstrap.js"></script> <script type="text/javascript" src="js/bootstrap-growl.js"></ script> <script type="text/javascript" src="js/notify.js"></script> ```	``` notify('Bomb ready. Click Submit', info); ``` Bomb ready. Click Submit × 1

遊戲規則與驗證

因為 HTTP 是無狀態協定，所有資料結構及驗證邏輯必須移至客戶端。例如：

- 玩家不允許在板子上放置超過三艘船。

- 炸彈放置後就不允許再移動船舶。

- 炸彈不能在所有玩家放好船舶前先行放置。

- 使用一個全域的炸彈計數陣列追蹤玩家點擊的次數：var BOMBS = [[0,0,0,0,0], [0,0,0,0,0]]。此陣列與 Python 程式碼中互相對應的部分一致：bomb = [[0]*5 for _ in range(2)]。

　　要施行上述規則（列表 6-11），可以在船舶或炸彈單元格分別被點擊時再加上一個回呼函數。

列表 6-11 利用點擊回呼函數施行遊戲規則（來自原始碼 index.html）

```
// 點擊船舶單元格時啟動
function cell_click_ship ( obj ) {
    var id     = obj.id;
    var player = parseInt(id.charAL(1));
    var qubit  = parseInt(id.charAt(3));
    var json   = countShipsBombs();

    LOGD('Cell Clicked ' + id + ' Counts:' + JSON.stringify(json));
    if ( json.ships[0] > 3 || json.ships[1] > 3) {
        return error('All Players must place only 3 ships.');
    }
    // 炸彈放置後船舶位置不能再變動
    if ( json.bombs[0] > 0 || json.bombs[1] > 0 ) {
        return error('No ship changes after bombs are placed.');
    }
    return true;
}


// 點擊炸彈單元格時啟動
function cell_click_bomb ( obj ) {
    var id     = obj.id;        // For Bombs: p[PLAYER]b[QUBIT]
    var player = parseInt(id.charAt(1));
    var qubit  = parseInt(id.charAt(3));

    // 驗證: { 'ships': [s1, s2], 'bombs': [b1, b2]}
    var json = countShipsBombs();
    LOGD('Bomb Clicked ' + id + ' Counts:' + JSON.stringify(json));

    if ( json.ships[0] < 3 || json.ships[1] < 3) {
        $('#' + id).attr('checked', false);
        return error('All Players must place 3 ships first.');
    }
    if ( mustSubmit) {
        return error('Bomb in place already. Click Submit.');
    }
    // 檢查玩家順序。有 bug？
    var dif = (json.bombs[player - 1] + 1) - json.bombs[ 1 - (player - 1)];
```

```
    if ( dif >= 2 ) {
      if ( BOMBS[player - 1 ][qubit] < 1 ) {
        $('#' + id).attr('checked', false);
      }
      return error("Not your turn. It's player " + ((1-(player-1)) + 1) );
    }

    // 炸彈計數
    BOMBS[player - 1 ][qubit]++;

    // 把計數值指定給: d[PLAYER][QUBIT]
    $('#b' + player + qubit).html("(" + BOMBS[player - 1 ][qubit] + ")");

    // 炸彈放置好了，點擊 submit
    notify('Bomb ready. Click Submit', 'info');
    mustSubmit = true;
}

function error (msg) {
    notify(msg, 'danger');
    return false
}
```

現在資料可以送到後台處理了。

端點及回應格式

每個請求都是透過 AJAX 以非同步方式送到網站伺服器。另外，查詢字串必須有特定的格式。所以請求-回應格式如下面的描述：

給定端點 http://localhost/~centos/battleship/cgi-bin/qiskit-driver.sh，我們假設：

- 使用者名字是 centos。
- 程式碼被部署在使用者個人的家目錄底下：$HOME/centos/public_html/battleship。

- Python 3 必須使用包裝腳本 qiskit-driver.sh 啟動。這只有在主機上有好幾個 Python 版本時才需要（參見「執行多個 Python 版本」一節）。

另外在請求查詢字串裡面，必須有下列幾個值：

- *ships1*：玩家 1 三個以逗點分隔的船舶位置的串列

- *ships2*：玩家 2 三個以逗點分隔的船舶位置的串列

- *bombs1*：玩家 1 五個以逗點分隔的炸彈計數的串列

- *bombs2*：玩家 2 五個以逗點分隔的炸彈計數的串列

- *device*：量子裝置。例如像是 `local_qasm_simulator`、`ibmq_qasm_simulator`、或 `ibmqx2`。

例如，以下是個於 IBM 遠端模擬器上執行、完整的 AJAX 請求：

```
http://localhost/~centos/battleship/cgi-bin/qiskit-driver.sh?ships1=0,1,2&ships2=0,1,2&bombs1=0,1,0,0,0&bombs2=0,0,0,0,0&device=ibmqx_qasm_simulator
```

當玩家點擊 Submit，船的位置（ships1、ships2）以及炸彈計數（bombs1、bombs2）等資訊都是從 DOM 樹和全域的 BOMBS 陣列組裝取回。請求端點和查詢字串的定義、以及透過 AJAX 發送 HTTP GET 請求都顯示在列表 6-12。

列表 6-12　從原始碼 index.html 提交資料到後台

```javascript
function submit() {
  var frm = $('#frm1');
  var url = "cgi-bin/qiskit-driver.sh";

  // 資料格式：ships1=0,1,2&ships2=0,1,2&bombs1=0,1,0,0,0&bombs2=0,0,0,0,0
  // 每位玩家有船舶位置及炸彈位置計數等資訊
  // 船舶：每位玩家三艘船，炸彈：有五個位置的計數
  var data = ";
  var s1 = ";
  var s2 = ";
```

```
for ( var i = 0 ; i < 5 ; i++) {
  if ( $('#p1s' + i).prop('checked') ) s1 += ',' + i;
  if ( $('#p2s' + i).prop('checked') ) s2 += ',' + i;
}
// 移除第一個逗號
if (s1.length > 0) s1 = s1.substring(1);
if (s2.length > 0) s2 = s2.substring(1);

// 查詢字串
data = 'ships1=' + s1 + '&ships2=' + s2
    + '&bombs1=' + BOMBS[0].join(',') + '&bombs2=' + BOMBS[1].join(',')
    + '&device=' + $('#device').val();

LOGD('Url:' + url + ' data=' + data);

 // https://api.jquery.com/jquery.get/
$.get( url, data)
.done(function (json) {
  handleResponse (json);
})
.fail(function() {
    LOGD( "error" );
    notify('Internal Server Error. Check logs.', 'danger');
})
}
```

如果出錯會顯示錯誤通知在螢幕上，否則預期的 JSON 回應會傳送給處理程式處理。接著來探討其如何進行處理。

回應處理程式

回應處理程式的任務是處理後台的回應，並且更新損壞計數、或在有錯誤時顯示錯誤訊息、或重複這整個程序直到產生優勝者。列表 6-13 顯示此道程序。但我們先來看看回應的 JSON 的重要格式：

```
{"status":200,"message":"OK","damage":[[0.475,0,0,0.70,0],[0.786,0.90,0,0,0.]]}
```

最重要的鍵是損壞。它包含一個二維陣列，代表每位玩家的船舶損壞位置。損壞是個介於 0 與 1 的百分比，回應處理程式利用這項資料更新使用者介面。

列表 6-13　原始碼 index.html 的回應處理程式

```
function handleResponse (json) {
  LOGD("Got: " + JSON.stringify(json))
  var damage   = json.damage;
  var d1       = damage[0];   // 損壞 P1
  var d2       = damage[1];   // 損壞 P2

  for ( var i = 0 ; i < 5 ; i++) {
      var pct1 = (d1[i] * 100).toFixed(1);
      var pct2 = (d2[i] * 100).toFixed(1);
      var s1, c1, s2, c2;
      if ( pct1 < 90 ) {
          s1 = '['    + pct1 + '%]';
          c1 = 'cyan';
      }
      else {
          s1 = 'SUNK';
          c1 = 'red';
          notify('Player 1 Ship ' + i + ' sunk.', 'warning');
      }
      if ( pct2 < 90 ) {
          s2 = '[' + pct2 + '%]';
          c2 = 'cyan';
      }
      else {
          s2 = 'SUNK';
          c2 = 'red';
          notify('Player 2 Ship ' + i + ' sunk.', 'warning');
      }
          //LOGD(i + ' s1=' + s1 + ' s2=' + s2 + ' d1=' + d1[i] +
          ' d2=' + d2[i]);
      $('#s1' + i).html(s1).css('background-color', c1);
```

```
    $('#s2' + i).html(s2).css('background-color', c2);
}

// 遊戲結果：損壞和 > 2.85（0.95 * 3）= 輸了
// https://www.w3schools.com/jsref/jsref_reduce.asp
// array.reduce(function(total, currentValue, currentIndex, arr),
initialValue)
var s1 = d1.reduce(function(total, currentValue, currentIndex, arr)
    { return total + currentValue}, 0);
var s2 = d2.reduce(function(total, currentValue, currentIndex, arr)
    { return total + currentValue}, 0);
var winner = 0;
if ( s1 > 2.85) winner = 2;
if ( s2 > 2.85) winner = 1;

LOGD ("Results Damage sums s1:" + s1 + " s2:" + s2);
if ( winner != 0) {
    notify ('** G.A.M.E O.V.E.R Player ' + winner + ' wins **',
    'success');
    gameover = true;
}

// 致能 submit
$("#btnSubmit").prop("disabled", false);
}
```

- 處理程式從損壞陣列抽取資訊，然後以迴圈處理每個位置─將每位玩家的損壞轉換成 1-100%。

- 利用著色顯示損壞百分比，增添戲劇效果。每艘沈船都會有個訊息顯示在螢幕上（圖 6-5）。

玩家 1

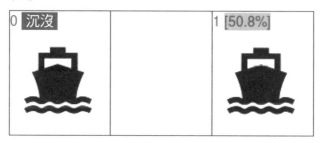

圖 6-5　損壞著色

- 如果某玩家所有船的損壞總和皆超過 90%，則贏家誕生且遊戲結束。
點擊 *Reset* 以啟動新一回合的遊戲。

如要把遊戲重置，只需勾消核取盒及選項按鈕的所有核取，並重置全域的 BOMBS 陣列（如列表 6-14）。

列表 6-14　原始碼 index.html 的遊戲重置

```
// 重啟遊戲：點擊 reset 按鈕時啟動
function reset_click () {
  if ( ! confirm("Are you sure?")) {
    return;
  }
  gameover = false;
  for ( var i = 0 ; i < 5 ; i++) {
$('#p1s' + i).attr('checked', false);
$('#p2s' + i).attr('checked', false);
$('#p1b' + i).attr('checked', false);
$('#p2b' + i).attr('checked', false);
  // 資訊跨度
$('#s1' + i).html(");
$('#s2' + i).html(");
$('#b1' + i).html(");
$('#b2' + i).html(");
    BOMBS[0][i] = 0;
    BOMBS[1][i] = 0;
```

```
    }
}
```

　　現在是執行、部署、測試、偵錯（如果有必要）的時候了。在發展階段我使用 CentOS 6，裡面包裝的 Python 版本預設是 2.7。記住我們得在 Python 3.5 或以後的版本執行。

TIP　　列表 6-9 到 6-12，以及部署遊戲到雲端所需的各項資源，可以在 Workspace\Ch06\battleship\index.html 找到。

執行多個 Python 版本

第 3 章解釋了如何分別安裝及執行 Python 3.6 及 2.7。在目前特殊的情形下，我們利用一支包裝（wrapper）腳本在執行量子程式之前，先於 CGI 後台啟動 Python 3。

```
#!/bin/sh
# home dir
root=/home/centos
program=qbattleship.py

# 啟動 python 3
source $root/qiskit/qiskit/bin/activate

# 執行 python 量子程式
python $program
```

　　前面腳本僅只啟動 Python 3 並執行實際的量子程式 qbattleship.py。這麼做有其必要，否則網站伺服器將使用預設安裝的 Python 2.7，導致程式執行失敗—因為 QISKit 需要 Python 3.5 之後的版本。記住 Python 3 的環境乃建立在使用者的家目錄底下，如下所示：

```
$ mkdir -p $HOME/qiskit
$ cd $HOME/qiskit
$ python3.6 -m venv qiskit
```

如要啟動虛擬環境：

```
$ source qiskit/bin/activate
```

現在到了最後的部署與測試了，希望能夠不需要進行偵錯。

解答 3：部署與測試

本節要把遊戲部署到 Apache HTTPD 伺服器，並檢視遊戲的實際運作。遊戲的完整原始碼，包括所有支援檔案、樣式、圖案、CGI 包裝程式、量子程式等，都能在 Workspace\Ch06\battleship 找到。目錄的配置情況顯示在圖 6-6。

NOTE　本節假設讀者已安裝 Apache HTTPD，而且預設的服務已設定完成且運作正常。如果不是這樣，有很多教學材料可供參考。例如針對 CentOS 7，我推薦 https://www.liquidweb.com/kb/how-to-install-apache-on-centos-7/。

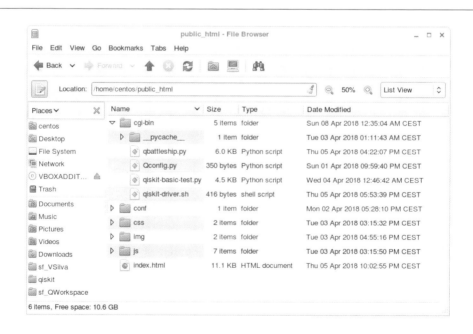

圖 6-6　雲端量子戰艦的目錄配置

1. 在家目錄建立稱為 public_html 的目錄。

   ```
   $ mkdir $HOME/public_html
   ```

2. 在 public_html 底下建立 cgi-bin 目錄，放置 CGI Python 腳本。

   ```
   $ mkdir $HOME/public_html/cgi-bin
   ```

3. 設定 HTPPD 伺服器，允許從使用者的 public_html 及 public_html/cgi-bin 目錄進行存取（參考列表 6-15）。注意 cgi-bin 需要特殊的權限才能允許 CGI 腳本的執行。

4. 如果想要使用本書原始碼，請複製 Workspace\Ch06\battleship 所有檔案到 public_html/battleship。

5. 請確認 public_html 目錄及所有子目錄、檔案的權限都是正確的。這個步驟很重要，如果權限不對，瀏覽器會給出 "500 – Internal Server Error" 的回應。這是我在 CentOS 6 桌面測試時遇到的主要問題來源：$ chmod -R 755 public_html。

列表 6-15 從用戶的 public_html 目錄啟動 HTTP 請求的設定（CentOS 6/Apache HTTPD 2.2）

```
<IfModule mod_userdir.c>
    #UserDir disabled
    #
    # 要致能傳送請求至 /~user/ 以服務使用者的 public_html 目錄，得把上面的
    # "UserDir disabled" 行移除，並且把下面一行的註解去掉
    #
    UserDir public_html
</IfModule>


<Directory /home/*/public_html>
    AllowOverride FileInfo AuthConfig Limit
    Options MultiViews Indexes SymLinksIfOwnerMatch IncludesNoExec +ExecCGI
    AddHandler cgi-script .cgi
    <Limit GET POST OPTIONS>
```

```
      Order allow,deny
      Allow from all
   </Limit>
</Directory>

<Directory "/home/*/public_html/cgi-bin">
   AllowOverride None
   Options ExecCGI
   SetHandler cgi-script
</Directory>
```

TIP　如要從 *public_html*（列表 6-15）發送請求，必須把 *httpd.conf* 檔案（把 `LoadModule userdir_module modules/mod_userdir.so` 這一行的註解拿掉）的 Apache 模組 *userdir* 也致能。此模組在預設情形下可能不會被致能。

　　將列表 6-15 的腳本複製到系統目錄 /etc/httpd/conf.d。此目錄裡面有 Apache HTTPD 啟動時會自動載入的設定檔案。現在讓我們在 CentOS 啟動 HTTPD 伺服器（注意這裡假設讀者的系統已經安裝好 Apache HTTPD）：

```
$ sudo service httpd start   (CentOS 6)
$ sudo systemctl start httpd (CentOS 7)
```

　　最後的大結局─開啟瀏覽器到 `http://localhost/~centos/battleship/`（假設用戶名稱是 *centos*）。希望沒什麼問題，這樣就可以開始在雲端玩量子戰艦遊戲了。然而如果有出錯，下面是我在設定過程中遇到過的問題清單。

偵錯

大部分我遇到的問題都跟檔案權限有關，因為我仍固執使用老牌的 Apache HTTPD：

- *Apache HTTPD* 的怪異處：要能夠從使用者家目錄底下發送請求（列表 6-15），必須在常駐程式設定檔 *httpd.conf* 致能 *userdir* 模組。按照作業系統的不同，此模組預設情況下未必會被致能。另外對於 HTTPD

2.4 的使用者：列表 6-15 乃是針對 Apache v2.2，如果是 v2.4 可能語法會有不同。

- 瀏覽器的「*HTTP status 500 – Internal Server Error*」訊息：請確認 public_html 及所有檔案和子目錄的權限都設成 755。只要檢查底下的 HTTPD 紀錄檔，便可進行診斷

```
/var/log/httpd/error_log
/var/log/httpd/suexec.log
```

例如這裡有個 suexec.log 的片段，顯示權限設定有些凌亂：

```
$ tail -f /var/log/httpd/suexec.log
[2018-04-02 17:03:45]: cannot get docroot information (/home/centos)
[2018-04-02 17:10:13]: uid: (500/centos) gid: (500/centos) cmd: first.cgi
[2018-04-02 17:10:13]: directory is writable by others: (/home/centos/
public_html)
```

TIP　　Apache suEXEC 是 Apache 網站伺服器的一項特色，它允許使用者以另一位使用者的身分執行 CGI 與 SSI 應用。在 CentOS，suEXEC 將紀錄寫至 /var/log/httpd/suexec.log。

- *SELinux 令人頭痛之處*：這是 Linux 的一個核心安全模組，它提供一個機制支持有關存取控制的安全政策。在 CentOS，此功能的預設是開啟。我們可以從命令列利用下面的命令暫時將它關閉：

```
$ sudo setenforce 0
```

或編輯 /etc/sysconfig/selinux 將 SELINUX 鍵設成關閉來使其永久關閉。

```
$ sudo vi /etc/sysconfig/selinux
SELINUX=disabled
SELINUXTYPE=targeted
```

注意 SELinux 在執行 CGI 腳本、或者量子程式嘗試在遠端的 IBM 模擬器或實際裝置執行時，可能會引起問題。

- *Python 臭蟲*：如果 Python 腳本有錯誤，CGI 例外處理程式會捕捉到並且在目前的工作目錄（**cgi-bin**）傾印一個 HTML 頁面。圖 6-7 顯示在實際量子裝置 *ibmqx2* 執行時，出現了逾時（timeout）錯誤的輸出。

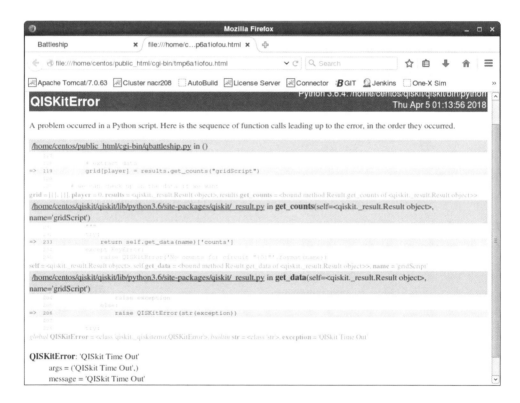

圖 6-7　由 cgi 套件產生的 Python 錯誤傾印

- *API 設定課題*：最後，如果在實際量子裝置上執行，請確認 Qconfig.py 的設定正確，如下片段所示：

```
APItoken = 'YOUR-API-TOKEN'
config = {
    'url': 'https://quantumexperience.ng.bluemix.net/api',
}
```

注意 Qconfig.py 必須與量子程式 qbattleship.py 放在同一個地方，也就是 *cgi-bin* 目錄。不過遊戲仍可再進一步改善，我們將在下一節討論。

進一步改善

前一節的雲端戰艦仍可繼續改進，讀者玩遊戲一陣子後可能也注意到了。以下是我一些想法的清單：

- 使用者介面顯示兩位玩家的船舶及炸彈板子。實際的戰艦遊戲應該是開啟自己的瀏覽器視窗，設定船舶，然後開始轟炸敵方。

- 閘狀態：因為 HTTP 是無狀態協定，船及炸彈位置、以及量子裝置等資訊都保存在客戶端。也就是：發出一個請求，接著由 python 程式執行，然後傳回一個回應。之後所有記憶便都消失了。真實遊戲應該有個以伺服器為基礎的玩家大廳，負責主管所有遊戲的狀態（例如利用應用伺服器）、並且協調瀏覽器視窗間的通信。

更好的雲端戰艦

終極版的雲端量子戰艦遊戲應該使用兩個瀏覽器視窗，每位玩家有個別的船及炸彈板。此外應該把 Apache HTTPD 換成應用伺服器（例如 Apache Tomcat），才能在伺服器端儲存遊戲狀態。這種系統的配置如圖 6-8。

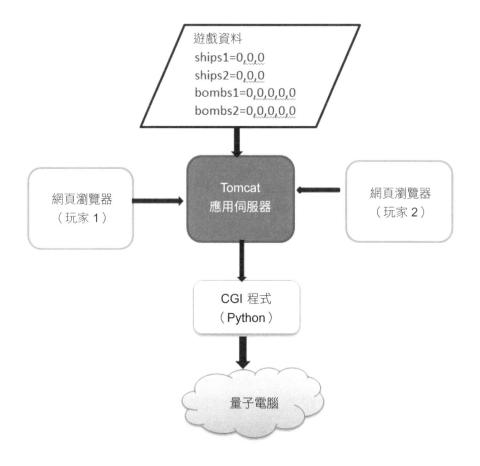

圖 6-8　改進後的雲端量子戰艦

- 以 Tomcat 網站應用程式來實作基本的遊戲大廳，並且儲存船舶及炸彈位置、量子裝置資訊。

- 網站應用程式可利用主作業系統的執行時期工具（此例中為 Java 的執行時期 API），來執行量子 Python 腳本，得到損壞結果的資訊、並配發給每位玩家。

- 要避免一直困擾人的瀏覽器網頁更新，每個瀏覽器可透過 WebSocket 連至應用伺服器。這樣可開啟一個永久連線，讓客戶端之間的 JSON 文字訊息得以快速傳送。

透過 WebSocket 連線

UI 網頁需稍微修改，才能透過 WebSocket、而非 AJAX 進行連線，如列表 6-16 所示。

TIP 　這一節有個 Eclipse 計畫的原始碼在 `Workspace\Ch06_BattleShip` 目錄中。在討論了這個網站應用程式裡複雜的部分後，我建議讀者在 IDE 底下開啟工作空間，閱讀一下程式碼。注意我假設讀者對於使用 Eclipse/Tomcat 組合來寫應用程式已經有不錯的精通程度。

列表 6-16　WebContent/js/websocket.js 的 WebSocket Javascript 客戶端程式碼

```javascript
// 伺服器 WS 端點 (檔案: websocket.js)
var END_POINT = "ws://localhost:8080/BattleShip/WSBattleship";

// 用來追蹤客戶端的隨機 ID
var CLIENT_ID = Math.floor(Math.random() * 10000);

function WS_connect(host) {
  LOGD("WS Connect " + host);

  if ('WebSocket' in window) {
    this.socket = new WebSocket(host);
  } else if ('MozWebSocket' in window) {
    this.socket = new MozWebSocket(host);
  } else {
    LOGE('Error: WebSocket is not supported by this browser.');
    return;
  }

  this.socket.onopen = function() {
    LOGD('WS Opened ' + host);
  };

  this.socket.onclose = function() {
    LOGD('WS Closed ' + host);
```

```
  };

  this.socket.onmessage = function(message) {
    // { status: 200 , message :'...'}
    LOGD('OnMessage: ' + message.data);
    var json = JSON.parse(message.data);

    if ( json.status >= 300 && json.status < 400) {
      // 警告
      notify(json.message, 'warning');
    }
    if ( json.status >= 400 ) {
      // 錯誤
      notify(json.message, 'danger');
      return;
    }
    handleResponse (json);
  };
}
function WS_initialize () {
  var clientId = CLIENT_ID;
  var host     = END_POINT;
  this.url     = host + '?clientId=' + clientId;

  WS_connect(this.url);
};
function WS_send (text) {
  this.socket.send(text);
};
```

在客戶端中：

- 所有主要的瀏覽器上面皆已經有實作用來與強大伺服器持續連線的 WebSocket 標準。為此我們在第二行建立一個形式為 ws://localhost: 8080/BattleShip/WSBattleship 的端點 URL。注意參數可經由 WebSocket 端點傳送，如同一般的 URLs 一樣。因此最後的 WS URL

是 ws://localhost:8080/BattleShip/WSBattleship?clientId=RANDOM-ID，其中的隨機 ID 被用來追蹤每位玩家。

- Javascript 裡的 WebSocket 使用回呼系統接收如下的事件：

  - *socket.onopen*：開啟插座時產生此事件。第 23 行顯示處理此事件的回呼函數。

  - *socket.onclose*：連線斷開時產生此事件：例如當瀏覽器關閉或刷新、或伺服器中止的時候。

  - *socket.onmessage*：這是最重要的回呼函數，在收到訊息時被啟動。它被用來處理 Python 發送的 JSON 訊息，其作用就如同前一版的 AJAX。

當玩家的瀏覽器頁面執行載入動作時，客戶端會利用 DOM window.onload 回呼函數進行連線：

```
function win_onload () {
    WS_initialize ();
}
Window.onload = win_onload;
```

伺服器端需要一個能處理 WebSocket 功能的應用伺服器，幸好 Tomcat 在所有作業系統皆實作了 WebSocket 標準。列表 6-17 顯示以 Java 實作、基本的 WebSocket 處理程式。

列表 6-17　WebSocket 伺服器處理程式骨架（WSConnector.java）

```
@ServerEndpoint(value = "/WSBattleship")
public class WSConnector {
  // 連線
  private static final List<WSConnectionDescriptor> connections =
    new CopyOnWriteArrayList<WSConnectionDescriptor>();

  // 遊戲資料 Player-ID => {name: 'Player-1', ships: "0,0,0:, bombs:
  "0,0,0,0,0 }
```

271

```java
private static final Map<String, JSONObject> data =
 new HashMap<String, JSONObject>();

/** 此 WS 的客戶端 ID */
String clientId;
private String getSessionParameter (Session session, String key) {
  if ( ! session.getRequestParameterMap().containsKey(key)) {
    return null;
  }
  return session.getRequestParameterMap().get(key).get(0);
}

@OnOpen
public void open(Session session) {
  clientId = getSessionParameter(session, "clientId");

  // 有無重複？
  WSConnectionDescriptor conn = findConnection(clientId);

  if ( conn != null) {
    unicast(conn.session,
      WSMessages.createStatusMessage(400
          , "Rejected duplicate session.").toString());
  }
  else {
    connections.add(new WSConnectionDescriptor(clientId, session));
  }
  dumpConnections("ONOPEN " + clientId );
}

@OnClose
public void end() {
}

@OnMessage
public void incoming(String message) {
  WSConnectionDescriptor d = findConnection(clientId);
```

```
try {
    JSONObject root = new JSONObject(message);
    String name     = root.getString("name");
    String action    = root.optString("action");
.   // 重置遊戲？
    if ( action.equalsIgnoreCase("reset")) {
        multicat(WSMessages.createStatusMessage(300
            , "Game reset by " + name).toString());
        data.clear();
        return;
    }

    // 驗證遊戲規則…
    // 執行 python 腳本
    linuxExecPython(args);

} catch (Exception e) {
    LOGE("OnMessage", e);
}
}

@OnError
public void onError(Throwable t) throws Throwable {
    LOGE("WSError: " + t.toString());
}
}
```

在 Java，WebSocket 伺服器處理程式之實作乃使用 J2EE 註解標準，這使得程式碼在各種不同廠商系統下都能夠重用。

- 在列表 6-17 的第 1 行，Java 類別 WSConnector 定義了註解 @ServerEndpoint(value = "/WSBattleship")。我們需要的正是這個強大的指令以打造伺服器處理程式。WSBattleship 是處理程式名稱，所以完整的伺服器端點是 ws://host:POT/Battleship/WSvattleship? QUERY-STRING。

- 開啟、關閉、訊息事件的回呼函數分別利用這些註解宣告：@OnOpen、@OnClose、@OnMessage。注意方法的名稱無關緊要，重要的是參數：

  - *OnOpen*：接收一個 Session 物件，內含有連線相關資訊。

  - *OnClose*：無須任何參數。瀏覽器連線中斷便被啟動。

  - *OnMessage*：在三個裡面最為重要。當客戶端把資料作為引數，送出文字訊息時會被啟動。

- 記得針對每個客戶端連線都會創建一個 WSConnector 類別的實例。所以在第 5 行，我們使用執行緒安全（thread safe）的靜態串列 List<WSConnectionDescriptor> connections 來追蹤所有客戶端的連線。第 8 行宣告靜態的雜湊圖（hash map）來追蹤遊戲資料，其中的鍵是玩家 id，值則是瀏覽器傳送的 JSON 物件。例如，[Player-1 => {name: 'Player-1', ships: "0,0,0:, bombs: "0,0,0,0,0", device: "local_qasm_simulator"}]。

- 當訊息回呼函數啟動時（WSConnector.java 檔案的 201-253 行），文字訊息被視為 JSON 進行剖析，接著資料被存放於記憶體並套用遊戲規則—如果一切無誤，便依據現在的船舶及炸彈位置執行 Python 腳本。最後蒐集結果，並送回給每個客戶端進行更新。

如果要送訊息回去客戶端，可以使用 Session 物件：

```
session.getBasicRemote().sendText("Some Text")
```

如果要把訊息傳給每個人（群播），可利用連線串列：

```
static void multicast ( String message ) {
  for ( WSConnectionDescriptor conn : connections) {
    conn.session.getBasicRemote().sendText(message)
  }
}
```

執行 Python 並且從 Java 設定檔案權限

即使 Java 語言被設計成無須知道任何 OS 細節，我們仍可透過 Runtime.getRuntime().exec("command") 系統呼叫執行作業系統指令。列表 6-18 顯示一個很簡單的類別，可用來執行指令並將其標準輸出讀入字串緩衝區。

列表 6-18　執行 OS 指令並且抽取結果（SysRunner.java）

```java
public class SysRunner {
  final String command;
  final StringBuffer stdout = new StringBuffer();
  final StringBuffer stderr = new StringBuffer();

  public SysRunner(String command) {
    this.command = command;
  }

  public void run () throws IOException, InterruptedException {
    final Process process = Runtime.getRuntime().exec(command);
    pipeStream(process.getInputStream(), stdout);
    pipeStream(process.getErrorStream(), stderr);
    process.waitFor();
  }

  private void pipeStream (InputStream is, StringBuffer buf) throws
  IOException {
    BufferedReader br = new BufferedReader(new InputStreamReader(is));
    String line;

    while ((line = br.readLine()) != null) {
      buf.append(line);
    }
  }
  public StringBuffer getStdOut () {
    return stdout;
```

```
  }
  public StringBuffer getStdErr () {
    return stderr;
  }
}
```

要得到一個指令的輸出，可利用程序輸入串流—透過對其讀取並將資料存放至字串緩衝區（列表 6-18 的 17-24 行）：pipeStream(process.getInputStream(), stdout)。現在我們已經有執行 Python 程式的工具，但還得處理 Linux 的檔案權限。記得必須把 Python 腳本包含在網站應用程式本身內（圖 6-9），所以當應用伺服器從檔案系統取出戰艦網站應用程式、以及 Python 程式碼時，腳本的預設檔案權限是 644（非所有人皆可執行）。這會使得腳本的執行失敗。

圖 6-9　雲端戰艦 J2EE 專案的專案配置

　　要改正網站應用程式的 Python 程式碼檔案權限，可以執行 OS 的 chmod 指令再加上檔案名稱，如下面所示：

```
// 取得 python 程式碼的基本路徑
// ...webapps/BattleShip/python/
String root = IOTools.getResourceAbsolutePath("/") + "../../";

// 不能用特殊字元 *&$#
String cmd = "/bin/chmod 755 " + base + "python" + File.separator;

String[] names = { "Qconfig.py", "qiskit-basic-test.py"
  , "qiskit-driver.sh", "qbattleship-sim.py", "qbattleship.py"};

for (int i = 0; i < names.length; i++) {
  SysRunner r = new SysRunner(cmd + names[i]);
  r.run();
}
```

　　在 Java 裡，應用程式安裝的基本路徑可以如下利用反射（reflection）獲取：

```
public static String getResourceAbsolutePath(String resourceName) throws
UnsupportedEncodingException {
    URL url     = IOTools.class.getResource(resourceName);
    String path = URLDecoder.decode(url.getFile(), DEFAULT_ENCODING);

    // path -> Windows: /C:/.../Workspaces/.../
    // path-> Linux: /home/users/foo...
    if ( path.startsWith("/") && OS_IS_WINDOWS) {
      // 只在 Windows 才須移除第一個 /
      path = path.replaceFirst("/", "");
    }
    return path;
}
```

　　最後 Python 量子程式已經可以透過 WebSocket 訊息回呼函數執行了，如列表 6-19 所示。

列表 6-19　執行量子程式並傳回結果

```java
// Args: ships1=0,0,0 ships2=0,0,0 bombs1=0,0,0,0,0 bombs2=0,0,0,0,0
// device=local_qasm_simulator
private void linuxExecPython (String args) throws Exception {
  // STDOUT {status: 200, message: 'Some text', damage:
  [[0,0,0,0,0],[0,0,0,0,0]]}
  StringBuffer stdout = IOTools.executePython(SCRIPT_ROOT, args);
  JSONObject resp = new JSONObject(stdout.toString());

    // 以反向順序送回給客戶端
    JSONArray damage = resp.getJSONArray("damage");
    resp.remove("damage");
    final int size = damage.length() - 1;

  for (int i = 0; i < connections.size(); i++) {
    resp.put("damage", damage.get( size - i));
    unicast(connections.get(i).session, resp.toString());
    resp.remove("damage");
  }
}
// base: WEPAPP_PATH/python/qiskit-driver.sh
// args: WEPAPP_PATH/python/qbattleship.py
//         0,0,0 0,0,0 0,0,0,0,0 0,0,0,0,0 device
public static StringBuffer executePython (String base, String args)
throws IOException, InterruptedException {
  String driver = base + File.separator + "python" + File.separator +
  "qiskit-driver.sh";
  String program = base + File.separator + "python" + File.separator +
  "qbattleship.py";
  String cmd = driver + " " + program + ( args != null ? " " + args : "");

  SysRunner r = new SysRunner(cmd);
  r.run();
  return r.getStdOut();
}
```

要執行 Python 量子程式，在列表 6-19 的程式碼：

- 先獲得網站應用程式的 python 目錄之位置（LOCATION），也就是 TOMCAT-ROOT/webapps/Battleship/python

- 以下列引數執行驅動腳本 LOCATION/qiskit-driver.sh LOCATION/qbattleship.py：

  - *ships1*：玩家 1 的船舶位置

  - *ships2*：玩家 2 的船舶位置

  - *bombs1*：玩家 1 的炸彈計數

  - *bombs2*：玩家 2 的炸彈計數

  - *device*：量子裝置

- 把結果發送回客戶端

最後從 IDE 匯出雲端量子戰艦的網站檔案（WAR），部署在 Tomcat 容器，就可以利用兩個瀏覽器在 http://localhost:8080/BattleShip/ 進行遊戲（圖 6-10）。這裡假設讀者對這些步驟很熟練，但如果真有狀況的話：

1. 把網站應用程式匯出為網站檔案 WAR—在 IDE 裡面以右鍵點擊 Ch06_Battleship 專案（圖 6-9）。點選 *Export > Web Archive*，接著選擇名稱/目的地（例如 Ch06_Battleship.war）。

2. 確認 Tomcat 服務正常執行中。如果系統預設並未安裝 Tomcat，以下提供一些幫助訊息：

```
yum -y install java (CentOS 6,7)
yum -y install tomcat7 tomcat7-webapps tomcat7-admin-webapps
(CentOS 6,7)

service tomcat7 start (CentOS 6)
systemctl start tomcat7 (CentOS 7)
```

3. 使用位於 http://yourhost:8080/manager/ 的 Tomcat 管理員 UI，上傳並部署網站檔案 WAR 到 Linux Tomcat 容器（提示：管理員會要求提供使用者/密碼。如果沒有的話，可編輯 /etc/tomcat7/tomcat-users.xml 檔案）。

4. 現在應該可以把兩個瀏覽器指向 http://localhost:8080/BattleShip/ 了（提示：Tomcat 網站應用程式會被部署到 /var/lib/tomcat7/webapps 目錄）。有問題的話請檢查容器位於 /var/log/tomcat7/catalina.out 的紀錄檔。

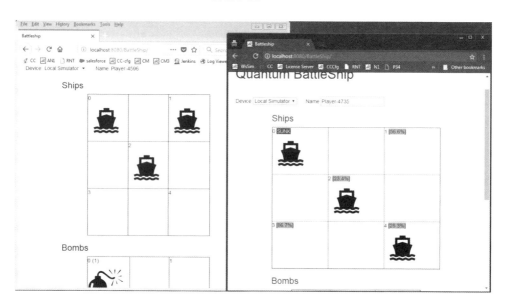

圖 6-10　使用兩個瀏覽器的改進版雲端戰艦遊戲

　　本章展示利用單一個量子位元的部分非閘來計算船舶損壞，使廣受歡迎的戰艦遊戲得以在量子電腦上執行。為此目的，我們利用 QISKit 教學材料裡的量子戰艦樣本。另外，遊戲在經過「拉皮」後，被提升到另一個層次。讀者學習透過 Apache HTTPD 伺服器，讓量子程式利用 CGI 腳本從雲端執行。我們還進一步改善遊戲，透過 Tomcat J2EE 容器讓遊戲可以使用兩個瀏覽器進行。這兩個 Eclipse 專案的程式碼分別位於 Workspace\Ch06 以及 Workspace\Ch06_BattleShip 目錄中。

　　下一章要探索兩個遊戲謎題，以展現量子演算法相較於傳統算法所具有的強大威力：偽幣謎題與 Mermin-Peres 魔方。這些情況是量子偽傳心術、或者是遊戲的某些結果只在玩家擁有互相讀取對方想法的能力時，才可能出現的例子。

## CHAPTER 7

利用量子力學的遊戲理論—你的贏面總比別人高

本章探索兩個遊戲謎題，展示量子演算法相較於傳統算法所具有的強大威力：

- 偽幣謎題：這是數學家 E. D. Schell 在 1945 年提出的古典天平謎題。它是關於利用天平並且經過有限次數的嘗試，由硬幣的平衡來決定哪個硬幣的價值與其他不同（也就是偽幣）。

- *Mermin-Peres* 魔方遊戲：這是量子偽傳心術、或是遊戲的某些結果只在玩家於遊戲中能夠神祕地互相通信時，才可能出現的例子。

　　在兩種情況下，量子計算賦予玩家近似神奇的能力，就好像整個過程中能夠作弊一樣。讓我們來一探究竟吧。

© Vladimir Silva 2018

V. Silva, *Practical Quantum Computing for Developers*, https://doi.org/10.1007/978-1-4842-4218-6_7

偽幣謎題

在這個謎題裡，玩家有 8 個硬幣及一個槓桿天平，其中有個假硬幣的重量比較輕。遊戲的目標是只使用天平兩次來找出偽幣。你想得出解法嗎？讓我們來瀏覽圖 7-1 的解法。

1. 有 8 個硬幣，1-3 放在天平左邊，4-6 放在右邊，7 和 8 先放在一旁。然後進行秤重。

2. 如果天平右傾，偽幣在 1-3（左邊），因為偽幣比較輕。把左邊最後一個硬幣 3 拿走，再進行第二次秤重。

   - 如果橫樑右傾，則偽幣為 1。程序結束。

   - 如果橫樑左傾，則偽幣為 2。程序結束。

   - 如果保持平衡，則偽幣為 3。程序結束。

3. 如果天平左傾，偽幣在 4-6。把最後一個硬幣 6 拿走，再進行秤重。

   - 如果橫樑右傾，則偽幣為 4。程序結束。

   - 如果橫樑左傾，則偽幣為 5。程序結束。

   - 如果保持平衡，則偽幣為 6。程序結束。

4. 如果天平平衡，則偽幣為 7 或 8。將兩者放置天平上秤重。

   - 如果右傾，偽幣為 7。程序結束。

   - 如果左傾，偽幣為 8。程序結束。

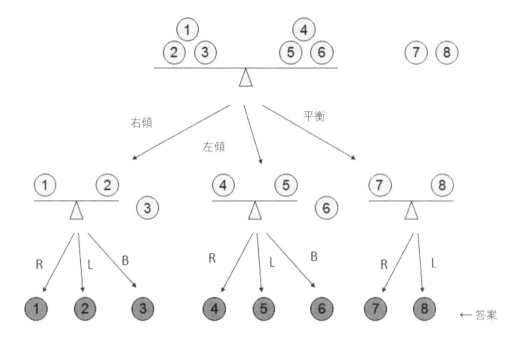

圖 7-1　8 個硬幣的偽幣謎題解答

　　從前一節的程序中，傳統演算法能不受總硬幣數 N 與偽幣數 k 的限制進行實作。一般說來，通用的偽幣謎題解法的時間複雜度是

$$O\left(k\log\left(N/k\right)\right)$$

TIP　在傳統電腦上，利用天平找出單個偽幣所需的最少嘗試次數，已經被證明為 2。

量子觀點下的偽幣

信不信由你─有個利用量子天平的量子演算法，不管總硬幣數目 N 是多少，能夠一次就找出偽幣！一般而言，不管 N 是多少，如果偽幣數是 k，則此演算法的時間複雜度為

$$O\left(k^{1/4}\right)$$

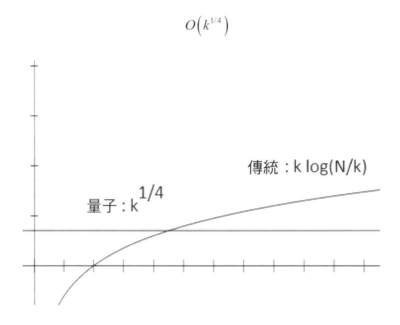

圖 7-2　偽幣謎題：量子與傳統時間複雜度之比較

TIP　量子版的偽幣演算法相較於傳統作法，是一個達到四次方速度改進的例子。

　　圖 7-2 顯示在偽幣謎題中，量子算法相較於傳統算法所展現的威力。如果進一步探討，找出單一偽幣（k=1）的量子演算法可總結為三個階段：查詢量子天平、建構量子天平、辨認偽幣。

步驟 1：查詢量子天平

量子演算法必須查詢處於疊加態的天平。為此目的，我們使用一個二元查詢字串來編碼放置於托盤的硬幣。例如查詢字串 11101111 表示所有硬幣都放到天平上面，除了索引為 3 的硬幣以外。如果沒有偽幣，橫樑應保持平衡，否則便會傾斜。如下表的說明。

N（硬幣數）	F（偽幣的索引）	查詢字串	結果
8	3	11101111	平衡（0）
8	3	11111111	傾斜（1）

程序可以總結如下：

1. 使用兩個量子暫存器查詢量子天平，其中第一個暫存器存放查詢字串，第二個暫存器放置結果。

2. 以偶數個 1 來製備所有二元查詢字串的疊加態。

3. 如要得到偶數個 1 的狀態疊加，則對基底態 |0⟩ 執行 Hadamard 轉換，然後檢查|x|的 Hamming 權重是否為偶數。我們可以證明：|x|的 Hamming 權重為偶數，若且唯若 x1⊕x2⊕...⊕xN = 0。

TIP 字串的 Hamming 權重（hw）是指使用的字母中非 0 符號的個數。例如，hw(11101)＝4，hw(11101000)＝4，hw(000000)＝0。

---

4. 最後，測量第二個暫存器。如果觀察到 |0⟩，那麼第一個暫存器便是我們想要的、所有二元查詢字串的疊加態。如果是 |1⟩，則重複此道程序直到觀察到 |0⟩ 為止。

　　注意每次重複保證成功的機率恰好是一半。所以經過幾次重複後，應該可以得到想要的疊加態。列表 7-1 顯示一個查詢天平之量子程式的實作，其對應電路之圖形如圖 7-3 所示。

NOTE　為力求簡潔，將完整的偽幣程式拆分到列表 7-1 到 7-3。雖然可以把這些段落連結起來執行程式，但是程式的完整列表可以在 Workspace\Ch07\p_counterfeitcoin.py 找到。

列表 7-1　查詢量子天平的腳本

```
# ------- 查詢量子天平
Q_program = QuantumProgram()
Q_program.set_api(Qconfig.APItoken, Qconfig.config["url"])

# 建立 numberOfCoins +1 個量子/傳統暫存器
# 多了一個量子位元用來記錄量子天平的結果
qr = Q_program.create_quantum_register("qr", numberOfCoins +1 )

# 把測量記錄在 qr
cr = Q_program.create_classical_register("cr", numberOfCoins + 1)

circuitName = "QueryStateCircuit"
circuit    = Q_program.create_circuit(circuitName, [qr], [cr])

N = numberOfCoins

#建立長度 N 之所有字串的均勻疊加態
for i in range(N):
  circuit.h(qr[i])

#在 qr[0]到 qr[N-1] 循序套用 CNOT 閘，以執行 XOR(x)操作
# 儲存結果到 qr[N]
for i in range(N):
  circuit.cx(qr[i], qr[N])
```

```
# 測量 qr[N] 並將結果存至 cr[N].
# 如果 cr[N] 為零則繼續，否則就得重複
circuit.measure(qr[N], cr[N])

# 如果 cr[0]...cr[N] 的值都是 0 則查詢量子天平
# 做法是透過製備 |1〉的 Hadamard 狀態，也就是在 qr[N]實現 |0〉- |1〉
circuit.x(qr[N]).c_if(cr, 0)
circuit.h(qr[N]).c_if(cr, 0)

# cr[N] 不是零的時候就得重新計算
for i in range(N):
  circuit.h(qr[i]).c_if(cr, 2**N)
```

　　圖 7-3 顯示的是 8 個硬幣之偽幣遊戲的完整電路，其中有個偽幣的索引為 6。此電路展示了在 IBM Q Experience 平台下，我們提及過的各個階段。至於演算法的第二個階段則是要建構天平。

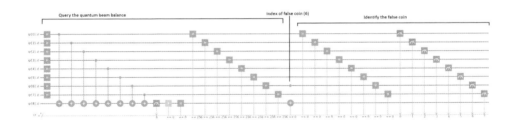

圖 7-3　偽幣遊戲（N=8、k=1 且偽幣的索引為 6）的量子電路（注意：如要觀看完整大小的圖，可以透過下載原始碼取得）

步驟 2：建構量子天平

前一節我們建構了 Hamming 權重為偶數的所有二元詢問字串的疊加態。在這個步驟中，則要透過設定偽幣的位置來建構量子天平。給定一個二元字串 |x1,x2,...,xN> |0〉其中 k 的位置為偽幣，量子天平將傳回

$$|x1, x2, ... , xN> |0 \oplus xk>$$

　　我們可以利用 CNOT 閘來實現，其中 xk 做為控制、第二個暫存器則為目標（參考列表 7-2 顯示的部分列表）。

列表 7-2　建構量子天平

```
#----- 建構量子天平
k = indexOfFalseCoin


# 套用量子天平到想要的疊加態上面
#(cr 等於零的註記)
circuit.cx(qr[k], qr[N]).c_if(cr, 0)
```

步驟 3：辨認偽幣

查詢天平之後如要辨認偽幣，可對此二元字串套用 Hadamard 轉換。假設以偶數 Hamming 權重之二元字串查詢量子天平，然後經過 Hadamard 轉換後依據計算基底進行測量，便可辨認出偽幣─因為標籤與大多數不同的那個就是偽幣（列表 7-3）。

列表 7-3　辨認偽幣

```
# ---辨認偽幣
# 套用 Hadamard 轉換到 qr[0]...qr[N-1]
for i in range(N):
  circuit.h(qr[i]).c_if(cr, 0)


# 測量 qr[0]...qr[N-1]
for i in range(N):
  circuit.measure(qr[i], cr[i])


results   = Q_program.execute([circuitName], backend=backend, shots=shots)
answer  = results.get_counts(circuitName)


print("Device " + backend + " counts " + str(answer))
```

```
# 取得最常見標籤
for key in answer.keys():
  normalFlag, _ = Counter(key[1:]).most_common(1)[0]

  for i in range(2,len(key)):
    if key[i] != normalFlag:
      print("False coin index is: ", len(key) - i - 1)
```

如果最左邊的位元是 0，偽幣之索引可透過找出某個位元的的位置來決定—而且該位元的值跟其他位元不一樣。例如 N=8、偽幣索引值為 6，則結果應為 010111111 或 001000000。注意因為我們使用 cr[N] 控制查詢天平之前與之後的操作，所以

- 如果最左位元為 0，則成功辨認偽幣。

- 如果最左位元是 1，則我們並未獲得想要的疊加態，所以必須從頭重來。

接著在遠端 IBM Q Experience 模擬器執行程式得出結果（位於 Workspace\Ch07\p_counterfeitcoin.py）。注意這個例子是在 Windows 下執行：

```
c:\python36-64\python.exe p_counterfeitcoin.py
Device ibmq_qasm_simulator counts {'001000000': 1}
False coin index is: 6
```

如果無法拿到原始碼但仍想試一下這個腳本，可以在列表 7-4 的容器腳本裡黏貼、組合前面幾節的程式片段（必須注意 Python 縮排的一些怪癖，否則會把你搞瘋）。

列表 7-4　偽幣謎題的主容器腳本

```
import sys
import matplotlib.pyplot as plt
import numpy as np
from math import pi, cos, acos, sqrt
from collections import Counter
```

```python
from qiskit import QuantumProgram
sys.path.append('../Config/')
import Qconfig
# 匯入基本畫圖工具
from qiskit.tools.visualization import plot_histogram

def main(M = 16, numberOfCoins = 8 , indexOfFalseCoin = 6
  , backend = "local_qasm_simulator" , shots = 1 ):

  if numberOfCoins < 4 or numberOfCoins >= M:
    raise Exception("Please use numberOfCoins between 4 and ", M-1)
  if indexOfFalseCoin < 0 or indexOfFalseCoin >= numberOfCoins:
    raise Exception("indexOfFalseCoin must be between 0 and ",
    numberOfCoins-1)

  // 列表 7-1 -> 7-3 貼到這裡

################################################
# main
################################################
if __name__ == '__main__':
  M = 8                         # 最大可用的量子位元數
  numberOfCoins = 4     # 至多 M-1，其中 M 是可使用的量子位元數
  available
  indexOfFalseCoin = 2 #這裡應該是 0、1、…、numberOfCoins - 1

  backend = "ibmq_qasm_simulator"
  #backend = "ibmqx3"
  shots = 1              # 我們進行一次實驗

main(M, numberOfCoins, indexOfFalseCoin, backend, shots)
```

推廣到任意偽幣數目的情況

偽幣謎題在 1998 年被數學家 Terhal 及 Smolin 推廣到任意偽幣數目（k>1）的情況。他們的實作使用了平衡預言機（Balance Oracle：B-Oracle）模型：

- 給定 N 位元的輸入 $x = x1x2 \cdots xn \in \{0, 1\}^N$。

- 建構一個由 N 個三元數所組成的查詢字串 $q = q1q2 \cdots qn \in \{0, 1, -1\}^N$，且 1 和 -1 的數目相同。

- 解答為滿足下列條件的位元

$$\chi(x;q) = \begin{cases} 0 \text{，當 } q1x1 + q2x2 + \cdots qnxn = 0 & \text{（平衡）} \\ 1 \text{，其它情況} & \text{（傾斜）} \end{cases}$$

TIP 預言機（Oracle）指的是演算法被視為黑箱的那個部分，它被用來簡化電路並提供量子與傳統演算法之間的複雜度比較。好的預言機應能提供速度、一般性、以及可行性等好處。

圖 7-4 是個實際作用的 B-Oracle 例子。此例有兩個偽幣，k = 2 且 N = 6。

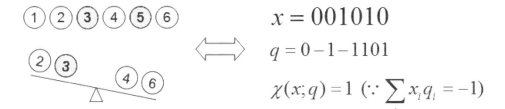

$$x = 001010$$
$$q = 0 - 1 - 1101$$
$$\chi(x; q) = 1 \ (\because \sum x_i q_i = -1)$$

圖 7-4　N = 6、k = 2 之 B-Oracle

　　總之，量子演算法相較於傳統演算法，在偽幣謎題上是個具有四次方速度改進的典型範例。下一節我們要檢視另一個怪異、類似魔術的謎題—Mermin-Peres 魔方。

Mermin-Peres 魔方

這是另一個古典謎題，最先由物理學家 David Mermin 及 A. Peres 提出，作為量子偽傳心術的例子—或者對外部觀察者來說，兩位玩家具有某種超自然的通信能力。由於糾纏所具備的魔法，這種事情才得以實現。接著讓我們來更仔細的探討。

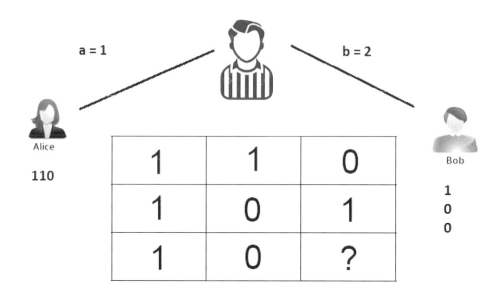

圖 7-5　Mermin-Peres 魔方

　　遊戲一開始有兩位玩家 Alice、Bob 和一位裁判比賽。魔方是個 3×3 矩陣，其規則如下（圖 7-5）：

- 每個單元格不是 0 就是 1，而且滿足每一列單元格的和為偶數，每一行單元格的和為奇數。此遊戲被稱為魔方是因為這種方陣不可能存在，如圖 7-5 所示—我們找不到有效的組合，使得列的和為偶數且行的和為奇數（請自己用筆和紙試看看）。這是因為矩陣裡只有奇數個單元格。

- 裁判傳送一個整數 *a* 給 Alice，另一個整數 *b* 給 Bob，且 *a* 與 *b* 只可能是 *1* 或 *2* 或 *3*。Alice 必須回覆方陣的第 a 列，Bob 則回覆第 b 行。

- 如果 Alice 單元格的和是偶數、Bob 的和是奇數，而且兩者交叉處的答案也一致，則判定 Alice 與 Bob 獲勝。否則裁判獲勝。

- 比賽開始前，Alice 和 Bob 可以制定策略及分享資訊。例如，他們可以決定使用圖 7-5 的矩陣回答。但是遊戲過程中就不允許互相交流了。

例如在前面的矩陣中，如果裁判傳送 a = 1 給 Alice、b = 2 給 Bob，那麼 Alice 將回覆 110（第一列）、Bob 會回覆 100（第二行）。至於他們答案的交叉位置（第一列第二行）也都一樣（1），所以他們贏得比賽。我們可以證明在古典情況下，他們贏得比賽的機率最多是 8/9。也就是說，在方陣的 9 種排列方式中，有 8 種能讓他們贏得勝利，所以 Alice 和 Bob 獲勝的機率最多是 88.8%。

我們現在用一個簡潔的練習來測驗此項斷言，並且證明魔方遊戲的古典獲勝機率確實至多是 8/9（88.88%）。

Mermin-Peres 魔方練習

1. 利用二元碼(1,-1)而非(1,0)來建構類似圖 7-5 的魔方，其中列元素的積是 1（偶數），行元素的積是 -1（奇數）。請確認實際上這樣的魔方不可能存在。

2. 利用步驟 1 的方陣，建構由裁判傳送之 a、b 值的排列表格，裡面包含：

   - 一個排列計數數字。

   - a、b 的值。

   - Alice 與 Bob 的回應。

   - Alice 與 Bob 回應的交叉處。記住兩人的回應在這個位置的值必須相同才能獲勝。

   - 遊戲迭代的結果：贏 = W，輸 = L。

3. 最後計算贏的機率，並證明它至多是 8/9。注意：答案在本節最後。

量子獲勝策略

由於量子力學的威力與糾纏所具有的魔法，Alice 與 Bob 能表現得更好。實際上他們能 100% 獲勝，就好像他們能透過傳心術通信一般，所以才被稱為偽傳心術。量子獲勝策略最先由 Brassard 及其同僚[1]提出，它被分為三個階段：

- 共享的糾纏態：這是 Alice 與 Bob 100% 獲勝的關鍵。

- *Alice 與 Bob 輸入的么正轉換*：此步驟提供傳回給裁判的回應。

- 在計算基底下進行測量：最後的階段是建構一個最終的回應。

共享的糾纏態

在量子獲勝策略中，Alice 與 Bob 分享糾纏態：

$$\Psi = \frac{1}{2}|0011\rangle - \frac{1}{2}|0110\rangle - \frac{1}{2}|1001\rangle + \frac{1}{2}|1100\rangle$$

此電路實作時 Alice 與 Bob 各需 2 個量子位元，如圖 7-6 所示。

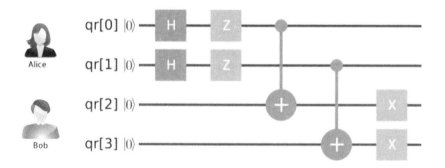

圖 7-6　魔方遊戲的糾纏態

---

[1]　Brassard, Boradbent & Tapp。量子偽傳心術。pp22，可線上下載：https://arxiv.org/abs/quant-ph/0407221v3。

- Hadamard 閘會將基底態映射成 $H|0\rangle \rightarrow \frac{1}{\sqrt{2}}\big(|0\rangle + |1\rangle\big)$。所以把它套用到前兩個量子位元將會得到

$$\Psi = \frac{1}{2}|00\rangle + \frac{1}{2}|01\rangle + \frac{1}{2}|10\rangle + \frac{1}{2}|11\rangle$$

- 接著把 Z 閘作用到前兩個量子位元。記得 Z 不會改變 0 狀態，並且會把 1 映設至 -1（反轉前面式子第三項的正負號）。此時的狀態變成

$$\Psi = \frac{1}{2}|00\rangle + \frac{1}{2}|01\rangle - \frac{1}{2}|10\rangle + \frac{1}{2}|11\rangle$$

- 接者套用 CNOT 閘，讓量子位元 0-2 與 1-3 產生糾纏：

$$\Psi = \frac{1}{2}|0000\rangle - \frac{1}{2}\langle 0101| - \frac{1}{2}|1010\rangle + \frac{1}{2}|1111\rangle$$

- 最後使用 X 閘反轉最後兩個量子位元，得到

$$\Psi = \frac{1}{2}|0011\rangle - \frac{1}{2}|0110\rangle - \frac{1}{2}|1001\rangle + \frac{1}{2}|1100\rangle$$

列表 7-5 是建構糾纏態的 Python 腳本。

列表 7-5　量子獲勝策略的糾纏態

```
# 建立糾纏態
Q_program = QuantumProgram()
Q_program.set_api(Qconfig.APItoken, Qconfig.config["url"])

# 4 個量子位元 (Alice = 2, Bob = 2)
N = 4

# 建立暫存器
qr = Q_program.create_quantum_register("qr", N)

# 為了將測量記錄在 qr
cr = Q_program.create_classical_register("cr", N)
```

```
circuitName = "sharedEntangled"
sharedEntangled = Q_program.create_circuit(circuitName, [qr], [cr])

#建立所有長度為 2 字串的均勻疊加態
for i in range(2):
      sharedEntangled.h(qr[i])

#如果有奇數個 1 則振幅是負的
for i in range(2):
      sharedEntangled.z(qr[i])

#把前兩個量子位元的內容複製到最後兩個量子位元
for i in range(2):
      sharedEntangled.cx(qr[i], qr[i+2])

#反轉最後兩個量子位元
for i in range(2,4):
      sharedEntangled.x(qr[i])
```

有了共享糾纏態之後，Alice 和 Bob 可以開始遊戲，並且從裁判那裡接收輸入。

么正轉換

在收到輸入 a 和 b 之後（a、b {1,2,3}），Alice 和 Bob 對共享的糾纏態套用以下的么正轉換：Alice 利用 A1-A3、Bob 利用 B1-B3：

$$A1 = \frac{1}{\sqrt{2}} \begin{bmatrix} i & 0 & 0 & 1 \\ 0 & -i & 1 & 0 \\ 0 & i & 1 & 0 \\ 1 & 0 & 0 & i \end{bmatrix}, A2 = \frac{1}{2} \begin{bmatrix} i & 1 & 1 & i \\ -i & 1 & -1 & i \\ i & 1 & 1 & -i \\ -i & 1 & -1 & -i \end{bmatrix}, A3 = \frac{1}{2} \begin{bmatrix} -1 & -1 & -1 & 1 \\ 1 & 1 & -1 & 1 \\ 1 & -1 & 1 & 1 \\ 1 & -1 & -1 & -1 \end{bmatrix}$$

$$B1 = \frac{1}{2} \begin{bmatrix} i & -i & 1 & 1 \\ -i & -i & 1 & -1 \\ 1 & 1 & -i & i \\ -i & i & 1 & 1 \end{bmatrix}, B2 = \frac{1}{2} \begin{bmatrix} -1 & i & 1 & i \\ 1 & i & 1 & -i \\ 1 & -i & 1 & i \\ -1 & -i & 1 & -i \end{bmatrix}, B3 = \frac{1}{\sqrt{2}} \begin{bmatrix} 1 & 0 & 0 & 1 \\ -1 & 0 & 0 & 1 \\ 0 & 1 & 1 & 0 \\ 0 & 1 & -1 & 0 \end{bmatrix}$$

NOTE 記住透過套用前述的轉換到糾纏態後，Alice 和 Bob 就能建構其個別回應給裁判的前面兩個位元。

列表 7-6 顯示 Alice 與 Bob 進行的么正轉換，以及在表 7-1 裡的等效圖形電路。

列表 7-6 Alice 與 Bob 進行的么正轉換

```
#------ Alice 和 Bob 的操作電路
#首先定義必要的受控-u 閘以指定相位
from math import pi

def ch(qProg, a, b):
  """ 受控-Hadamard 閘 """
  qProg.h(b)
  qProg.sdg(b)
  qProg.cx(a, b)
  qProg.h(b)
  qProg.t(b)
  qProg.cx(a, b)
  qProg.t(b)
  qProg.h(b)
  qProg.s(b)
  qProg.x(b)
  qProg.s(a)
  return qProg

def cu1pi2(qProg, c, t):
  """ 受控-u1(phi/2) 閘 """
  qProg.u1(pi/4.0, c)
  qProg.cx(c, t)
  qProg.u1(-pi/4.0, t)
  qProg.cx(c, t)
  qProg.u1(pi/4.0, t)
  return qProg

def cu3pi2(qProg, c, t):
```

```
  """ 受控-u3(pi/2, -pi/2, pi/2) 閘 """
  qProg.u1(pi/2.0, t)
  qProg.cx(c, t)
  qProg.u3(-pi/4.0, 0, 0, t)
  qProg.cx(c, t)
  qProg.u3(pi/4.0, -pi/2.0, 0, t)
  return qProg


#--------------------------------------------------------------------
# 定義每個輸入 1、2、3 底下，Alice 與 Bob 使用的電路
# Alice 操作/電路的字典
aliceCircuits = {}

# Alice 在 1、2、3 情形下的量子電路
for idx in range(1, 4):
  circuitName = "Alice"+str(idx)
  aliceCircuits[circuitName]
    = Q_program.create_circuit(circuitName, [qr], [cr])
  theCircuit = aliceCircuits[circuitName]

  if idx == 1:
    #the circuit of A_1
    theCircuit.x(qr[1])
    theCircuit.cx(qr[1], qr[0])
    theCircuit = cu1pi2(theCircuit, qr[1], qr[0])
    theCircuit.x(qr[0])
    theCircuit.x(qr[1])
    theCircuit = cu1pi2(theCircuit, qr[0], qr[1])
    theCircuit.x(qr[0])
    theCircuit = cu1pi2(theCircuit, qr[0], qr[1])
    theCircuit = cu3pi2(theCircuit, qr[0], qr[1])
    theCircuit.x(qr[0])
    theCircuit = ch(theCircuit, qr[0], qr[1])
    theCircuit.x(qr[0])
    theCircuit.x(qr[1])
    theCircuit.cx(qr[1], qr[0])
    theCircuit.x(qr[1])
```

```
  elif idx == 2:
    theCircuit.x(qr[0])
    theCircuit.x(qr[1])
    theCircuit = cu1pi2(theCircuit, qr[0], qr[1])
    theCircuit.x(qr[0])
    theCircuit.x(qr[1])
    theCircuit = cu1pi2(theCircuit, qr[0], qr[1])
    theCircuit.x(qr[0])
    theCircuit.h(qr[0])
    theCircuit.h(qr[1])

  elif idx == 3:
    theCircuit.cz(qr[0], qr[1])
    theCircuit.swap(qr[0], qr[1]) # 作曲家不支援
    theCircuit.h(qr[0])
    theCircuit.h(qr[1])
    theCircuit.x(qr[0])
    theCircuit.x(qr[1])
    theCircuit.cz(qr[0], qr[1])
    theCircuit.x(qr[0])
    theCircuit.x(qr[1])

    #在計算基底測量前兩個量子位元
    theCircuit.measure(qr[0], cr[0])
    theCircuit.measure(qr[1], cr[1])

# Bob 操作/電路的字典
bobCircuits = {}

# Bob 收到 1、2、3 時的量子電路
for idx in range(1,4):
  circuitName = "Bob"+str(idx)
  bobCircuits[circuitName]
    = Q_program.create_circuit(circuitName, [qr], [cr])
  theCircuit = bobCircuits[circuitName]
  if idx == 1:
    theCircuit.x(qr[2])
    theCircuit.x(qr[3])
```

```
      theCircuit.cz(qr[2], qr[3])
      theCircuit.x(qr[3])
       theCircuit.u1(pi/2.0, qr[2])
      theCircuit.x(qr[2])
      theCircuit.z(qr[2])
      theCircuit.cx(qr[2], qr[3])
      theCircuit.cx(qr[3], qr[2])
      theCircuit.h(qr[2])
      theCircuit.h(qr[3])
      theCircuit.x(qr[3])
      theCircuit = cu1pi2(theCircuit, qr[2], qr[3])
      theCircuit.x(qr[2])
      theCircuit.cz(qr[2], qr[3])
      theCircuit.x(qr[2])
      theCircuit.x(qr[3])

   elif idx == 2:
      theCircuit.x(qr[2])
      theCircuit.x(qr[3])
      theCircuit.cz(qr[2], qr[3])
      theCircuit.x(qr[3])
      theCircuit.u1(pi/2.0, qr[3])
      theCircuit.cx(qr[2], qr[3])
      theCircuit.h(qr[2])
      theCircuit.h(qr[3])

   elif idx == 3:
      theCircuit.cx(qr[3], qr[2])
      theCircuit.x(qr[3])
      theCircuit.h(qr[3])

#在計算基底測量第三與第四個量子位元
theCircuit.measure(qr[2], cr[2])
theCircuit.measure(qr[3], cr[3])
```

　　表 7-1 顯示在 IBM Q Experience 作曲家下面，么正轉換 A1-3、B1-3 的量子電路。

表 7-1 列表 7-6 么正轉換的量子電路

轉換	電路
$A1 = \dfrac{1}{\sqrt{2}}\begin{bmatrix} i & 0 & 0 & 1 \\ 0 & -i & 1 & 0 \\ 0 & i & 1 & 0 \\ 1 & 0 & 0 & i \end{bmatrix}$	
$A2 = \dfrac{1}{2}\begin{bmatrix} i & 1 & 1 & i \\ -i & 1 & -1 & i \\ i & 1 & 1 & -i \\ -i & 1 & -1 & -i \end{bmatrix}$	
$B1 = \dfrac{1}{2}\begin{bmatrix} i & -i & 1 & 1 \\ -i & -i & 1 & -1 \\ 1 & 1 & -i & i \\ -i & i & 1 & 1 \end{bmatrix}$	

（接續下表）

表 7-1　（續）

轉換	電路
$B2 = \dfrac{1}{2}\begin{bmatrix} -1 & i & 1 & i \\ 1 & i & 1 & -i \\ 1 & -i & 1 & i \\ -1 & -i & 1 & -i \end{bmatrix}$	
$B3 = \dfrac{1}{\sqrt{2}}\begin{bmatrix} 1 & 0 & 0 & 1 \\ -1 & 0 & 0 & 1 \\ 0 & 1 & 1 & 0 \\ 0 & 1 & -1 & 0 \end{bmatrix}$	

　　注意表 7-1 並未包含 A3，這是因為作曲家還不支援列表 7-6 所需要的互換（swap）閘。這並不表示量子程式不能在模擬器或實際裝置上執行，只表示電路無法利用作曲家來構建。因此在最後一步，Alice 和 Bob 需在計算基底下測量其量子位元。

計算基底下的測量

經過測量之後，Alice 和 Bob 最終各有兩個位元，分別代表其個別的輸出。要得到第三位元、亦即最終的答案，就得套用他們的奇偶性（parity）規則。也就是說，Alice 的和必須是偶數，Bob 的和必須是奇數。例如在 a = 2、b = 3 時（表 7-2）：

$$\left(A2 \otimes B3\right)|\psi\rangle = \frac{1}{2\sqrt{2}}[|0000\rangle - |0010\rangle - |0101\rangle + |0111\rangle + |1001\rangle$$
$$- |1011\rangle - |1100\rangle - |1110\rangle$$

表 7-2　魔方在 a = 2、b = 3 情形下的答案排列

ψ	Alice 的答案	Bob 的答案	方陣
$\|0000\rangle$	000	001	$\begin{bmatrix} & 0 & \\ 0 & 0 & 0 \\ & 1 & \end{bmatrix}$
$\|0010\rangle$	000	100	$\begin{bmatrix} & & 1 \\ 0 & 0 & 0 \\ & & 0 \end{bmatrix}$
$\|0101\rangle$	011	010	$\begin{bmatrix} & & 1 \\ 0 & 1 & 1 \\ & & 0 \end{bmatrix}$

（接續下表）

表 7-2　（續）

ψ	Alice 的答案	Bob 的答案	方陣
$\lvert 0111\rangle$	011	111	$\begin{bmatrix} & & 1 \\ 0 & 1 & 1 \\ & & 1 \end{bmatrix}$
$\lvert 1001\rangle$	101	010	$\begin{bmatrix} & & 0 \\ 1 & 0 & 1 \\ & & 0 \end{bmatrix}$
$\lvert 1011\rangle$	101	111	$\begin{bmatrix} & & 1 \\ 1 & 0 & 1 \\ & & 1 \end{bmatrix}$
$\lvert 1100\rangle$	110	001	$\begin{bmatrix} & & 0 \\ 1 & 1 & 0 \\ & & 1 \end{bmatrix}$
$\lvert 1110\rangle$	110	101	$\begin{bmatrix} & & 1 \\ 1 & 1 & 0 \\ & & 1 \end{bmatrix}$

列表 7-7 的這一段腳本，顯示了魔方所有回合的一個執行迴圈：

- 迴圈跑遍了 a、b 從 1 到 3 的各種情形。

- 對每一組 (a, b)，都會從列表 7-6 讀取 Alice 的電路（Alice-a）與 Bob 的電路（Bob-b）。

- 共享糾纏態 ψ、及 Alice-a、Bob-b 電路再提交給模擬器或實際量子裝置執行。

- 從答案中（例如 {'0011':1}）抽取兩個位元給 Alice，兩個位元給 Bob。

- 套用奇偶性規則：Alice 的和必須是偶數，Bob 的和必須是奇數。

- 最後驗證答案，並顯示獲勝的機率。

列表 7-7　魔方所有回合的腳本

```
def all_rounds(backend, real_dev, shots=10):
  nWins = 0
  nLost = 0
  for a in range(1,4):
    for b in range(1,4):
      print("Asking Alice and Bob with a and b are: ", a,b)
      rWins = 0
      rLost = 0

      aliceCircuit   = aliceCircuits["Alice" + str(a)]
      bobCircuit     = bobCircuits["Bob" + str(b)]
      circuitName    = "Alice" + str(a) + "Bob"+str(b)
      Q_program.add_circuit(circuitName, sharedEntangled+aliceCircuit+bobCi
      rcuit)

      if real_dev:
        ibmqx2_backend = Q_program.get_backend_configuration(backend)
        ibmqx2_coupling = ibmqx2_backend['coupling_map']
        results = Q_program.execute([circuitName], backend=backend,
        shots=shots
             , coupling_map=ibmqx2_coupling, max_credits=3, wait=10,
             timeout=240)
      else:
        results = Q_program.execute([circuitName], backend=backend,
        shots=shots)

      answer = results.get_counts(circuitName)

      for key in answer.keys():
        kfreq = answer[key] #從測量得到的 keys 頻率
        aliceAnswer = [int(key[-1]), int(key[-2])]
```

```
      bobAnswer   = [int(key[-3]), int(key[-4])]
      if sum(aliceAnswer) % 2 == 0:
        aliceAnswer.append(0)
      else:
        aliceAnswer.append(1)
      if sum(bobAnswer) % 2 == 1:
        bobAnswer.append(0)
      else:
        bobAnswer.append(1)


      if(aliceAnswer[b-1] != bobAnswer[a-1]):
          #print(a, b, "Alice and Bob lost")
          nLost += kfreq
          rLost += kfreq
      else:
          #print(a, b, "Alice and Bob won")
          nWins += kfreq
          rWins += kfreq
      print("\t#wins = ", rWins, "out of ", shots, "shots")

  print("Number of Games = ", nWins+nLost)
  print("Number of Wins = ", nWins)
  print("Winning probabilities = ", (nWins*100.0)/(nWins+nLost))


##################################################
# main
##################################################
if __name__ == '__main__':
  backend = "ibmq_qasm_simulator"
  #backend = "ibmqx2"
  real_dev = False

  all_rounds(backend, real_dev)
```

　　列表 7-7 在 IBM Q Experience 遠端模擬器上執行的結果顯示在列表 7-8。

列表 7-8　執行魔方所有回合的簡化標準輸出

```
c:\python36-64\python.exe p_magicsq.py
For a = 1 , b = 1
ibmq_qasm_simulator answer: 1000 Alice: [0, 0, 0] Bob:[0, 1, 0]
ibmq_qasm_simulator answer: 1010 Alice: [0, 1, 1] Bob:[0, 1, 0]
ibmq_qasm_simulator answer: 1111 Alice: [1, 1, 0] Bob:[1, 1, 1]
ibmq_qasm_simulator answer: 0111 Alice: [1, 1, 0] Bob:[1, 0, 0]
ibmq_qasm_simulator answer: 0000 Alice: [0, 0, 0] Bob:[0, 0, 1]
ibmq_qasm_simulator answer: 0101 Alice: [1, 0, 1] Bob:[1, 0, 0]
        #wins =  10 out of 10 shots
For a = 1 , b = 2
ibmq_qasm_simulator answer: 1000 Alice: [0, 0, 0] Bob:[0, 1, 0]
ibmq_qasm_simulator answer: 1001 Alice: [1, 0, 1] Bob:[0, 1, 0]
ibmq_qasm_simulator answer: 1111 Alice: [1, 1, 0] Bob:[1, 1, 1]
ibmq_qasm_simulator answer: 0110 Alice: [0, 1, 1] Bob:[1, 0, 0]
ibmq_qasm_simulator answer: 0000 Alice: [0, 0, 0] Bob:[0, 0, 1]
ibmq_qasm_simulator answer: 0001 Alice: [1, 0, 1] Bob:[0, 0, 1]
        #wins =  10 out of 10 shots
...
For a = 3 , b = 3
ibmq_qasm_simulator answer: 1000 Alice: [0, 0, 0] Bob:[0, 1, 0]
ibmq_qasm_simulator answer: 1011 Alice: [1, 1, 0] Bob:[0, 1, 0]
ibmq_qasm_simulator answer: 1101 Alice: [1, 0, 1] Bob:[1, 1, 1]
ibmq_qasm_simulator answer: 1110 Alice: [0, 1, 1] Bob:[1, 1, 1]
ibmq_qasm_simulator answer: 0111 Alice: [1, 1, 0] Bob:[1, 0, 0]
ibmq_qasm_simulator answer: 0010 Alice: [0, 1, 1] Bob:[0, 0, 1]
        #wins =  10 out of 10 shots
Number of Games = 90
Number of Wins = 90
Winning probability =  100.0
```

NOTE　如果在實際裝置上執行，因為有環境雜訊以及閘誤差，所以獲勝機率不會是 100%。

Mermin-Peres 魔方練習的解答

1. 一個列元素的乘積為偶數、行元素的乘積為奇數的魔方如下所示。注意因為單元格數目為奇數，所以這種魔方不可能存在。

-1	-1	1
-1	1	-1
-1	1	?

2. 答案 1 的方陣排列表如下：

N	a	b	Alice	Bob	交叉處	贏/輸
1	1	1	-1,-1,1	-1,-1,-1	-1/-1	W
2	1	2	-1,-1,1	-1,1,1	-1/-1	W
3	1	3	-1,-1,1	1,-1,? (1)	1/1	W
4	2	1	-1,1,-1	-1,-1,-1	-1/-1	W
5	2	2	-1,1,-1	-1,1,1	1/1	W
6	2	3	-1,1,-1	1,-1,? (1)	-1/-1	W
7	3	1	-1,1,? (-1)	-1,-1,-1	-1/-1	W
8	3	2	-1,1,? (-1)	-1,1,1	1/1	W
9	3	3	-1,1,? (-1)	1,-1,? (1)	-1/1	L

3. 注意前面步驟的 7-9 列，Alice 的答案必須是 –1，這樣乘積值才會是偶數（1）。還有在 3、6、9 行，Bob 的答案必須是 1，這樣他的乘積才會是奇數（-1）。最後，機率的計算是透過把贏的總數目除以排列的總數目而得。因此

$$P = \frac{\sum W}{N} = \frac{8}{9} = 88.88\%$$

本章讀者學習到量子糾纏的威力使其相較於傳統計算，提供了很顯著的速度改進。在偽幣問題之類的傳統謎題上面，利用量子天平可以達到四次方的速度改進。至於其他問題，例如魔方，糾纏使得玩家之間擁有類似魔術一般的傳心術。如果僅只有 Brassard 及其同僚能夠想出 21 點或撲克的量子獲勝策略，那麼我們現在都能在拉斯維加斯發大財了。總之，本章展示了量子力學始終令人感到困惑、怪異、迷人的一面。在這些方面它可從未讓人失望。

在下一章、也是本書的最後一章中，讀者將學習可能是最有名的量子演算法：眾人皆知的 Shor 整數因數分解—它可是會摧毀非對稱密碼學的演算法！

CHAPTER 8

更快速的搜尋，以及威脅非對稱密碼學基礎的 Grover 與 Shor 演算法

本章以兩個讓人對實際量子運算的可能性感到振奮的演算法，作為一系列討論的結尾：

- *Grover 搜尋*：這是 Lov Grover 創造的非結構化量子搜尋演算法，能使用黑箱函數或預言機（Oracle）找出機率或可能性比較高的輸入。它能在 $O(\sqrt{N})$ 個步驟內找出一個可能項目，相較於傳統作法平均得需要 N/2 個步驟。

- *Shor 整數因數分解*：這是無人不知的量子因數分解—根據專家表示，它會讓目前的非對稱密碼學失效。Shor 能在大約 $\log(n^3)$ 個步驟內分解整數，相較於最快的傳統演算法：數域篩選法（Number Field Sieve）得花上 $\exp\left(k*\log\left(n^{\frac{1}{3}}\right)\left(\log\log n\right)^{\frac{2}{3}}\right)$ 個步驟。

讓我們開始吧！

© Vladimir Silva 2018

V. Silva, *Practical Quantum Computing for Developers*, https://doi.org/10.1007/978-1-4842-4218-6_8

量子非結構化搜尋

Grover 演算法─一種非結構化搜尋的量子程序，用來從 N 個元素的數位草堆中，找出其中的一項（該項目之長度為 n 個位元）。如圖 8-1 所示，量子演算法只需 $O(\sqrt{N})$ 個步驟，速度上的改進非常顯著。雖然跟傳統解法比較起來改善程度似乎還不夠多，但是如果考慮搜尋數目達到百萬項時，那麼 10^6 的平方根可比 10^6 快多了。

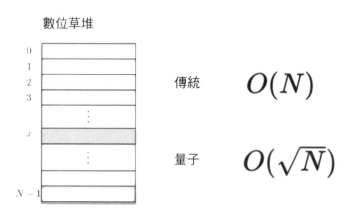

圖 8-1 非結構化搜尋時間複雜度

如果 x 是我們要找的元素，那麼 Grover 演算法可以用以下的虛擬碼描述：

1. 在給定 f: {0, 1,.., N-1} → {0,1}的情形下製備輸入。注意輸入的大小是 2^n，其中 n 是位元數。N 則是數位草堆的大小。我們最終的目標是找到 x，使得 f(x)=1。

2. 對輸入的所有量子位元。套用基底疊加操作。

3. 對輸入量子位元執行相位反轉操作。

4. 對輸入執行以均值為準位的反轉。

5. 重複步驟 3、4 至少 $\sqrt{N}$ 次。有很高的機率在此時會找到 x。

接著來更仔細地檢視重要的相位反轉，以及以均值為準位的反轉等步驟。

相位反轉

這是演算法的第一步，且必須在數位草堆所有狀態的疊加態中執行。如果我們要找的元素為 x′ 且 f(x′) = 1，那麼疊加態可表示為 $\sum \alpha |x\rangle$。最終，相位反轉的作用是

$$\sum \alpha |x\rangle \xrightarrow{Phase\ Inversion} \begin{cases} \sum \alpha |x\rangle\text{，如果 } x \neq x' \\ -\alpha |x'\rangle\text{，其他情形} \end{cases}$$

也就是說，如果某個給定的 x 不是要找的元素（x ≠ x′），則不影響疊加態；否則便會反轉相位（改變量子位元之複數係數 α 的正負號—參見圖 8-2 的圖形表示）。

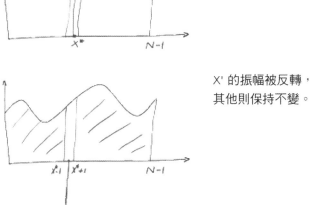

X' 的振幅被反轉，
其他則保持不變。

圖 8-2　相位反轉的圖形表示

這是 Grover 演算法的第一步。稍後我們會探討相位反轉如何協助找到正確的元素，但現在先來看第二個步驟：以均值為準位的反轉。

以均值為準位的反轉

給定前述的疊加態 $\sum \alpha \, |x\rangle$，我們定義均值 μ 為振幅的平均值：

$$\mu = \frac{\sum_{x=0}^{N-1} \alpha_x}{N}$$

現在必須以均值為準位進行反轉，也就是

$$\alpha_x \rightarrow (\, 2\mu - \alpha_x \,)$$

$$\sum \alpha_x |x\rangle \rightarrow \sum (\, 2\mu - \alpha_x \,)|x\rangle$$

為了對此有更清楚地了解，圖 8-3 顯示了以均值為準位之反轉的圖形表示。

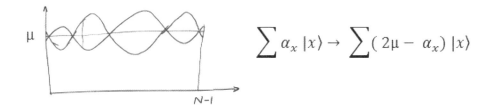

圖 8-3 以均值為準位之反轉的圖形表示

圖 8-3 顯示由波函數 ψ 定義的量子位元疊加態，其中函數的均值 μ 在圖中顯示為一條水平線。以均值為準位的反轉指的是：以均值為準位進行波函數的鏡射，產生一個鏡射波（以點狀線顯示）。這就相當於以均值 μ 為軸來旋轉波函數。讓我們把所有步驟結合起來，就能理解它們的實際作用：

1. 疊加

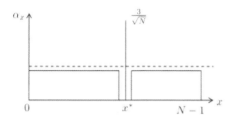

2. 相位反轉

3. 以均值為準位的反轉

經過 $\sqrt{N}$ 個步驟後振幅變大

圖 8-4　Grover 單次迭代

在圖 8-4 中：

- 所有量子位元的疊加讓所有振幅變成 $\frac{1}{\sqrt{N}}$。

- 接著，x' 處的相位反轉讓振幅變成 $-\frac{1}{\sqrt{N}}$。注意這會讓均值 μ 稍微變低一些，如圖 8-4 步驟 2 的虛線所示。

- 在以均值為準位的反轉操作之後，平均振幅降了一些，但是 x' 卻往上變高，比平均值 μ 多了 $\frac{2}{\sqrt{N}}$。

- 如果重複這套程序，x' 的振幅大約增加 $\frac{2}{\sqrt{N}}$。一直到經過大約 $\sqrt{N}$ 個步驟後，振幅變成 $\frac{1}{\sqrt{2}}$。

- 此時如果測量我們的量子位元，則找到 x'（也就是我們要找尋的元素）的機率—依照量子力學的定義為振幅的平方，也就是 1/2。

- 大功告成。大約經過了 $\sqrt{N}$ 個步驟，便可找出標記的元素 x'。

現在讓我們把這些步驟組合成量子電路，還有對應的程式碼實作。

實際情況下的實作

這裡要求檢視 IBM Q Experience 當中的 Grover 演算法電路。圖 8-5 展示利用 2 個量子位元、演算法單次迭代的電路。

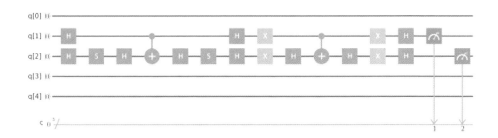

圖 8-5　利用 2 個量子位元、A = 01 的 Grover 演算法量子電路

至於產生圖 8-5 電路的 Python 腳本請參見列表 8-1。

列表 8-1　圖 8-5 電路的 Python 腳本

```
import sys,time,math

# 匯入 QISKit
from qiskit import QuantumCircuit, QuantumProgram

# Q Experience 設定
sys.path.append('../Config/')
import Qconfig

# 匯入基本畫圖工具
from qiskit.tools.visualization import plot_histogram

# 設定要找尋的輸入位元
def input_phase (circuit, qubits):
  # 針對 A = 00 去註解
```

```
  # 針對 A = 11 加上註解
  circuit.s(qubits[0])
  #circuit.s(qubits[1])
  return


# 電路：Grover 2 量子位元電路
# 量子位元：量子位元陣列（大小為 2）
def invert_over_the_mean (circuit, qubits):
  for i in range (2):
    circuit.h(qubits[i])
    circuit.x(qubits[i])

  circuit.h(qubits[1])
  circuit.cx(qubits[0], qubits[1])
  circuit.h(qubits[1])

  for i in range (2):
    circuit.x(qubits[i])
    circuit.h(qubits[i])

def invert_phase (circuit, qubits):
  # 預言機（Oracle）
  circuit.h(qubits[1])
  circuit.cx(qubits[0], qubits[1])
  circuit.h(qubits[1])

def main():
  # 量子程式設定
  qp = QuantumProgram()

  qp.set_api(Qconfig.APItoken, Qconfig.config["url"])

  # 建立量子位元/暫存器
  size = 2
  q = qp.create_quantum_register('q', size)
  c = qp.create_classical_register('c', size)
```

```python
# 量子電路
grover = qp.create_circuit('grover', [q], [c])

# 1. 將所有量子位元置於疊加態
for i in range (size):
  grover.h(q[i])

# 設定輸入
input_phase(grover, q)

# 2. 相位反轉
invert_phase(grover, q)

input_phase(grover, q)

# 3. 以均值為準位的反轉
invert_over_the_mean (grover, q)

# 測量
for i in range (size):
  grover.measure(q[i], c[i])

circuits = ['grover']

# 在模擬器執行量子電路
backend = "local_qasm_simulator"
# 實驗執行的重複次數
shots = 1024

result = qp.execute(circuits, backend=backend, shots=shots
        , max_credits=3, timeout=240)
counts = result.get_counts("grover")
print("Counts:" + str(counts))

# 選項
```

```
#plot_histogram(counts)


############################################
# main
if __name__ == '__main__':
  start_time = time.time()
  main()
  print("--- %s seconds ---" % (time.time() - start_time))
```

- 列表 8-1 針對一個 2 位元的輸入，使用 2 個量子位元執行 Grover 演算法程序一次。即使前一節的虛擬碼指示總迭代次數大約是 $\sqrt{N}$ 個步驟，以均值為準位的反轉會使得這個值乘以 $\pi/4$、再取不大於此數的最大整數值（參見圖 8-8 旁邊的證明）。因此最後得到 $IT = floor\left(\sqrt{N} * \dfrac{\pi}{4}\right)$，其中 N=2^{位元數}。所以當位元數為 2 時，$IT = floor\left(\sqrt{4} * \dfrac{\pi}{4}\right) = floor(1.57) = 1$。

- 腳本從建立擁有 2 個量子位元、2 個儲存測量結果的傳統暫存器之量子電路做為開端。

- 接著利用 Hadamard 閘把所有量子位元置於疊加態。

- 迭代開始前，輸入乃利用相位閘（S）以及表 8-1 的規則製備。

表 8-1　列表 8-1 的輸入製備規則

輸入（A）	閘/量子位元
00	S(01)
10	S(0)
01	S(1)
11	無

- 接著針對輸入量子位元（對應於演算法的單次迭代），執行相位反轉、然後再執行以均值為準位的反轉。

- 最後，在本地或遠端模擬器測量結果以及執行電路。把結果的計數列印出來。

一般化的電路

廣義上來講，圖 8-5 的電路可推廣到任意數目的輸入量子位元，如圖 8-6 所示。

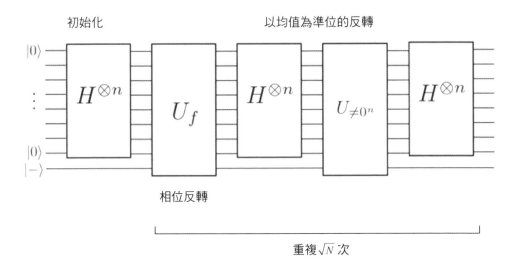

圖 8-6　任意量子位元數目下的 Grover 演算法推廣

- 透過套用 Hadamard 閘到長度為 n 位元的輸入，圖 8-6 第一個方盒會把所有量子位元都置於疊加態。這是初始化的步驟。

- 接著相位反轉電路（U_f）接收疊加輸入 $\psi = \sum \alpha \,|\, x\rangle$ 以及一個相位輸入（負的狀態）。它的效果相當於把相位設置成我們想要的狀態，所以輸出變成 $\psi = \sum \alpha \,|\, x\rangle$。但這是如何做到的？答案是透過套用互斥或閘到負狀態輸入，便可得到想要的效果 $|b\rangle \rightarrow |f(x) \oplus b\rangle$，如圖 8-7 所示。f(x) 與 b 之間的 XOR 真值表（圖 8-7 右側）的第三列顯示相位反轉的效應。

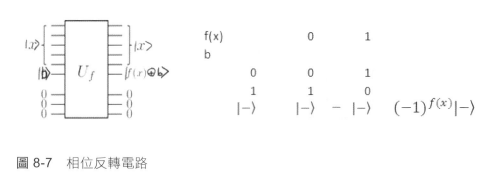

圖 8-7　相位反轉電路

- 最後，如圖 8-3 所示，以均值為準位的反轉與針對 $|\mu\rangle = 1/\sqrt{N}\sum_x |x\rangle$ 的反射操作是一樣的。為對此有更深的理解，疊加態 ψ 及均值 μ 可表示為 2D 空間的向量，如圖 8-8 所示。如要反射 ψ，則建立一個與 μ 正交的向量，然後將 ψ 以同樣的角度 θ 投射至新的象限。

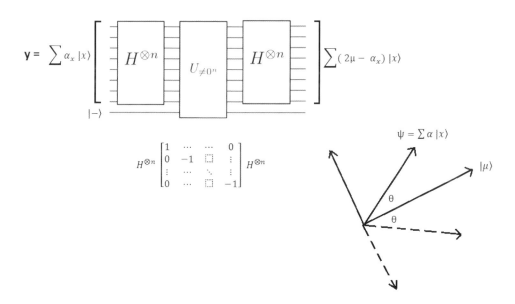

圖 8-8　以均值為準位的反轉之電路

要證明以均值為準位反轉之轉換 $\sum \alpha_x |x\rangle \rightarrow \sum (2\mu - \alpha_x)|x\rangle$，牽涉到三個步驟，如圖 8-8 的電路所示：

1. 將 $|\mu\rangle$ 轉換成全零向量 $|0,...,0\rangle$。這可以透過套用 Hadamard 閘到輸入來完成。

2. 針對全零向量 $|0,...,0\rangle$ 進行反射操作。此操作可透過把向量與下面的稀疏矩陣相乘而得。

$$
\begin{bmatrix}
1 & \cdots & \cdots & 0 \\
0 & -1 & & \vdots \\
\vdots & \cdots & \ddots & \vdots \\
0 & \cdots & & -1
\end{bmatrix}
$$

3. 再次利用 Hadamard 閘，將 $|0,...,0\rangle$ 轉換回 $|\mu\rangle$。所以

$$
H^{\otimes n}\begin{bmatrix}
1 & \cdots & \cdots & 0 \\
0 & -1 & & \vdots \\
\vdots & \cdots & \ddots & \vdots \\
0 & \cdots & & -1
\end{bmatrix}H^{\otimes n} = H^{\otimes n}\left(\begin{bmatrix}
2 & \cdots & 0 \\
\vdots & \ddots & \vdots \\
0 & \cdots & 0
\end{bmatrix} - I\right)H^{\otimes n} = H^{\otimes n}\begin{bmatrix}
2 & \cdots & 0 \\
\vdots & \ddots & \vdots \\
0 & \cdots & 0
\end{bmatrix}H^{\otimes n} - H^{\otimes n}I\,H^{\otimes n}
$$

$$
= \begin{bmatrix}
2/N & \cdots & 2/N \\
\vdots & \ddots & \vdots \\
2/N & \cdots & 2/N
\end{bmatrix} - I = \begin{bmatrix}
\dfrac{2}{N}-1 & \cdots & 2/N \\
\vdots & \ddots & \vdots \\
2/N & \cdots & \dfrac{2}{N}-1
\end{bmatrix} \tag{1}
$$

注意 $H^{\otimes n}I\,H^{\otimes n} = I$ 並且 $H = \dfrac{2}{\sqrt{N}}|x\rangle$。最後套用(1)式的矩陣到狀態 $\psi = \alpha_x |x\rangle$ 便得到

$$
\begin{bmatrix}
\dfrac{2}{N}-1 & \cdots & 2/N \\
\vdots & \ddots & \vdots \\
2/N & \cdots & \dfrac{2}{N}-1
\end{bmatrix}\begin{bmatrix}
\alpha_0 \\
\vdots \\
\alpha_x \\
\vdots \\
\alpha_{N-1}
\end{bmatrix} \rightarrow \begin{bmatrix}
\vdots \\
2/N \sum \alpha_y - \alpha_x \\
\vdots
\end{bmatrix} = 2\mu - \alpha_x，\text{其中} 2/N \sum \alpha_y = 2\mu
$$

這就是非結構化搜尋的 Grover 演算法。它既快又強大，很快就會用在資料中心解決各式各樣的資料搜尋問題。它相較於傳統算法有顯著的效能改善，很有可能幾年後當量子電腦更適合商用時，大部分的網路搜尋都將利用這類量子動力來進行。在我們結束討論之前還有件事值得一提：本書寫作時，此演算法還沒有有用的實作或實驗（真正找個實際的東西）在 IBM Q Experience 上實現過。希望未來情形有所改變，但目前來說 Grover 演算法仍只是個理論研討。下一節我們要探討有名的 Shor 整數因數分解演算法，做個強力的收尾。

利用 Shor 演算法的整數因數分解

密碼學與密碼分析的貓捉老鼠遊戲一直很熱烈，前者想出新方法來加密每天的資料，後者刺探前者的弱點，總想使其破解失效。目前的非對稱密碼學依賴的是眾所皆知、因數分解很大的質數（可達到幾百個位數的範圍）所遭遇的高度困難。本節要探討 Shor 演算法的內在機制。這個演算法能在使用量子電腦的情形下，在整數因數分解的問題上提供指數型的速度改進。接著我們利用稱為 ProjectQ 的程式庫進行實作，然後模擬一些樣本整數並且評估結果。最後我們探討在量子系統中，整數因數分解在目前及未來的方向。讓我們開始吧。

利用量子因數分解挑戰非對稱密碼學

在關鍵論文「在量子電腦中，質因數分解與離散對數的多項式時間演算法」[1]，Peter Shor 利用數學家早已熟知的一項定理，提出一個量子因數分解的方法：找出 modulo N 乘法群某個元素 a 的週期（也稱為階數），亦即滿足下列條件的最小正整數

$$x^r \equiv 1 \pmod{N}$$

其中 N 是要分解的數、r 是 x modulo N 的週期。

---

[1] Peter Shor，「在量子電腦中，質因數分解與離散對數的多項式時間演算法」。

TIP　大整數因數分解的問題困惑了數學家千年。在 1976 年，G. L. Miller 假定利用隨機化，因數分解可化約成找出 a modulo N 的元素週期，因此大大簡化了這個謎題。這就是 Shor 演算法背後的基本概念。

Shor 的演算法分為三個階段，其中兩個在傳統電腦上可以在多項式時間內完成：

1. **輸入製備**：在傳統電腦上只需多項式時間 log (n) 便可完成。

2. 透過量子電路找出元素 a 的週期 r，且滿足 $a^r \equiv 1(mod\,N)$。依照 Shor 的算法，這在量子電腦上需要 $O((\log n)^2 (\log \log n)(\log \log \log n))$ 個步驟。

3. **後處理**：在傳統電腦上只需多項式時間 log (n) 便可完成。

不過為什麼大家對此方法如此激動？比較其在時間複雜度上（大 O）與最好的傳統算法的區別：表 8-2 所示的數域篩選法（表中還有另一個崇拜者很推崇、可敬的二次篩選法）。

表 8-2　常見因數分解演算法的時間複雜度

演算法	時間複雜度
Shor's	$(\log n)^2 (\log \log n)\,(\log \log\,\log n)$
數域篩選法	$\exp\left(c\left(\log n\right)^{1/3} \left(\log \log n\right)^{\frac{2}{3}} \right)$
二次篩選法	$\exp\left(\sqrt{\ln n \ln \ln n}\right)$

令人難以置信的是，Shor 演算法具有多項式的時間複雜度。這與傳統電腦上、已知最快的因數分解方法數域篩選法所具有的指數時間複雜度比起來，要快上非常多。事實上專家預測 Shor 能在幾分鐘內分解超過 200 個位數的整數。這樣的能耐將撼動今日用來產生加密鑰匙（用在所有的網站通信）的非對稱密碼學之根基。

TIP 　　對稱密碼學很大程度上不受量子計算影響，所以也不受 Shor 演算法影響。

　　不過先不要驚慌，要將演算法實作在量子電腦還有一條漫漫長路。然而透過流暢的 Python 程式庫 ProjectQ，此套演算法可以在傳統系統上模擬。我們會在另一節執行 ProjectQ 實作，但接著讓我們先來看週期發現如何有效地解決因數分解問題。

週期發現

週期發現是 Shor 演算法的基礎。透過模同餘算術（modular arithmetic），問題被簡化成找出函數 $f(x) = a^x \bmod N$ 的週期（r）（圖 8-9）。

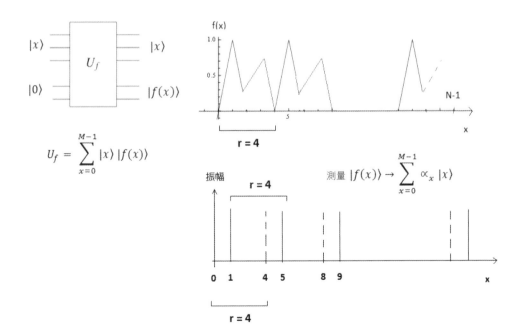

圖 8-9　週期函數 $f(x)$

　　圖 8-9 是個週期函數 f(x)的例子，其中週期 r = 4。演算法的正常運作要求 f(x) 必須滿足三個條件：

1. f(x)在每個週期上都是一對一，也就是 f(x)的值不能夠重複。在圖 8-9，這些值以週期裡每一條線的頂點來表示。

2. 對任何給定的 M 或週期數目而言，r 都必須整除 M。例如假設 M = 100，週期 r = 4，M/r = 25。

3. M 除以 r 必須比 r 大，也就是說 M > r²。

　　Shor 演算法將 f(x) 轉換成量子電路 U$_f$，其中的輸入都處於疊加態。如果測量 U$_f$ 的第二個暫存器可以得到振幅 $\sum_{x=0}^{M-1} \alpha_x |x\rangle$ 的值，如圖 8-9 振幅圖所示。這裡看得出來振幅相隔四個單元重複，剛好是我們找尋的週期。在此特定情況下，我們得到了 r = 4 的週期性疊加。但是該如何處理週期性疊加？Shor 還依靠另一項技巧：傅立葉取樣或量子傅立葉轉換。

傅立葉取樣

傅立葉取樣是種操控資料的程序，其特性如下：

- 允許輸入的位移，但卻不影響輸出的分布。

- 這樣是有好處的，因為現在我們擁有的是週期性的疊加波形，而且其中的非零振幅構成了整數倍的週期（圖 8-10）。

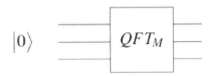

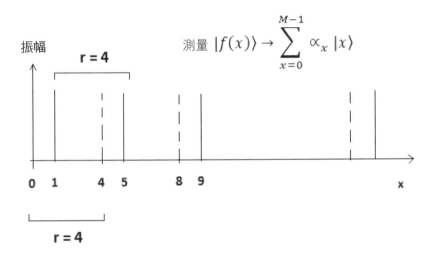

圖 8-10　展示週期疊加的傅立葉取樣

　　但是傅立葉取樣的輸出為何，又有什麼用？答案是它的輸出為 M/r 的隨機整數倍。例如在此假設 M = 100 且 r = 4，輸出會是 100/4 = 25 的隨機整數倍。此特性有利於達成我們的目標，接著來詳細探究。

把傅立葉取樣結果餵入歐幾里得最大公約數

如果執行傅立葉取樣許多次，會得到 M/r 的隨機整數倍。例如得到 50、75、25 等等。如果套用歐幾里得最大公約數（gcd）運算到這些隨機輸出，則 M 除以 gcd 便得到了週期 r。所以

$$r = M/\gcd(50,75,...) = 100/25 = 4$$

　　這也就是透過量子電路進行週期發現的大概。要了解這個方法如何能有效地找到因數，讓我們來看個例子：分解一個數 N = 21。此任務依賴兩項有效率的操作：

- 同餘算術：a = b(mod N)。例如，3 = 15(mod 12)。

- 最大公因數 gcd(a,b)。例如 gcd(15,21) = 3。

　　所以對於 N = 21，必須解方程式 $x^2 \equiv 1\ (mod\ 21)$。也就是找出非顯然（nontrivial）均方根 x 滿足

- N 整除(x+1)(x-1)。

- N 無法整除(x+1)以及(x-1)。

- 最後套用 gcd(N,x+1)找回質因數。

　　要找出 N = 21 的非顯然因數，先選擇一個隨機的 x。例如 N = 21，選擇 x = 2，因此

$2^0 \equiv 1\ (mod\ 21)$
$2^1 \equiv 2\ (mod\ 21)$
$2^2 \equiv 4\ (mod\ 21)$
$2^3 \equiv 8\ (mod\ 21)$
$2^4 \equiv 16\ (mod\ 21)$
$2^5 \equiv 11\ (mod\ 21)$
$2^6 \equiv 1\ (mod\ 21)$。所以週期 r = 6。

此例中 $2^6 = (2^3)^2$。因此 $2^3 = 8$ 是滿足 21 能夠整除 (8+1)(8-1) 的一個非顯然因數。最後利用最大公因數 gcd(N, x+1) = gcd(21,9) = 3 找出一個因數。一般來說，隨意挑選 x，然後輪流計算 x^0、$x^1 \cdots x^r \equiv mod\ N$。如果夠幸運 r 是偶數，也就是 $(x^{r/2})^2 \equiv 1\ (mod\ N)$。因此我們得到了 1 mod N 的非顯然均方根解。

TIP 我們夠幸運—也就是 $x^2 \equiv 1(mod\ N)$ 中 r 為偶數的機率已被證明為 1/2。另一方面如果運氣不好，就只好重複整個程序。但是在成功機率這麼高的情形下，運氣不好的情況實在是無傷大局。

現在讓我們利用流暢的 Python 程式庫 ProjectQ 來執行演算法。

ProjectQ 的 Shor 演算法

ProjectQ 是個量子計算的開源平台，上面利用 Stéphane Beauregard[2] 提出的電路實作 Shor 演算法。此電路利用 2n + 3 個量子位元，其中 n 是要被分解的數 N 的位元數目。Beauregard 的方法被分成下列幾個步驟：

1. 如果 N 是偶數，傳回因數 2。

2. 以傳統方法判斷是否 **N = p^q**（其中 **p≥1 且 q ≥2**）。如果是的話，傳回因數 p（在傳統電腦上，此工作可以在多項式時間內解決）。

3. 隨意選擇一個數 a 使得 **1 < a ≤ N-1**。利用歐幾里得最大公因數，判斷是否 **gcd(a, N)>1**。如果是的話，傳回因數 **gcd(a, N)**。

4. 利用階數發現（order-finding）的量子電路來找出 **a modulo N** 的階數 r。此步驟在量子電腦上能夠在多項式時間內完成。

5. 如果 r 是奇數、或 r 是偶數但 **$a^{r/2}$ = -1(mod N)**，則回到步驟 3。否則計算 **gcd($a^{r/2}$-1, N)** 與 **gcd($a^{r/2}$+1, N)**。驗證看看是否其中有一個是非顯然的 N 的因數。如果是的話，傳回此因數（在傳統電腦上，此工作可以在多項式時間內解決）。

---

[2] Stéphane Beauregard，「利用 2n+3 個量子位元的 Shor 演算法電路」，蒙特利爾大學物理系。

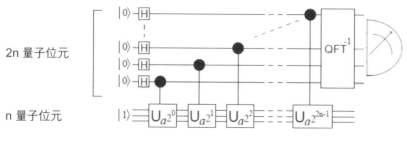

受控乘法器

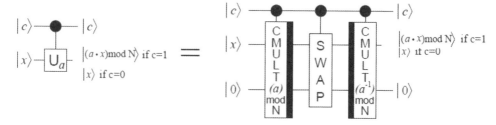

圖 8-11　用於週期發現的 Beauregard 量子電路

　　Beauregard 所實作的週期發現，乃利用一系列位於傅立葉空間的受控加法及乘法，來解 $f(x) = a^x(mod\ N) \rightarrow a^r \equiv 1\ mod\ N$（圖 8-11）：

- 受控乘法器 U_a 將 $|x\rangle$ 映射至 $|ax(mod\ N)\rangle$，其中

    - a 是作為 $a^x(mod\ N)$ 基底的一個傳統互質數。

    - x 是量子暫存器。

    - c 是控制量子位元暫存器，使得當 c = 1 時 $U_a = a^x(mod\ N)$，否則便為 x。

- 受控乘法器依序以一串的雙重受控、模數加法器閘來實作，使得

    - 如果兩個控制量子位元 c1 = c2 = 1，則輸出為 $f(x) = |\varphi(a+b\ mod\ N)$，也就是傅立葉空間的 a+b(mod N)。注意此閘將兩個數相加：互質數（a）以及量子數（b）。

    - 如果控制量子位元(c1, c2)有任何一個位元處於 $|0\rangle$ 狀態，則 $f(x) = |\varphi(b)\rangle$。

- 接著雙重受控、模數加法器閘乃以 Draper[3] 的量子加法電路為基礎打造。這個電路實現了在傅立葉空間中，傳統值（a）與量子值（b）的加法。

利用 ProjectQ 進行因數分解

現在來安裝 ProjectQ 並測試演算法。首先利用 Python 套件管理員下載並安裝 ProjectQ（注意為了簡單起見，這裡使用 Windows。Linux 使用者應該也能遵循相同的程序進行）：

```
C:\> pip install projectq
```

接著找出 ProjectQ 範例目錄[4]的 shor.py，或本書原始碼中的 Workspace\Ch08\p08-shor.py。再來執行腳本並輸入要進行因數分解的一個數字（列表 8-2）。

列表 8-2　ProjectQ 實際運行的 Shor 演算法

```
C:\>python shor.py
Number to factor: 21

Factoring N = 21: ..........

Factors found : 7 * 3 = 21
Gate class counts:
    AllocateQubitGate : 166
    CCR : 1467
    CR : 7180
    CSwapGate : 50
    CXGate : 200
    DeallocateQubitGate : 166
```

---

[3]　T. Draper(2000)，「量子電腦上的加法」，quant-ph/0008033。可從網站 https://arxiv.org/abs/quant-ph/0008033 下載。

[4]　ProjectQ—量子計算的開放原始碼軟體框架。可從網站 https://github.com/ProjectQ-Framework/ProjectQ 取得。

```
    HGate : 2600
    MeasureGate : 11
    R : 608
    XGate : 206

Gate counts:
    Allocate : 166
    CCR(0.098174770425) : 18
    CCR(0.196349540849) : 30
    CCR(0.392699081699) : 70
    CCR(0.490873852124) : 18
    CCR(0.785398163397) : 80
    CCR(0.981747704246) : 38
    CCR(1.079922474671) : 20
    CCR(1.178097245096) : 16
      ...
    R(5.252350217719) : 1
    R(5.301437602932) : 1
    R(5.497787143782) : 1
    X : 206

Max. width (number of qubits) : 13.
--- 5.834410190582275 seconds ---
```

當 N = 21，腳本傾印了一組很有用的統計數字，例如

- 使用的量子位元數目：N = 21 時需要 5 位元，所以總量子位元數= 2 * 5 + 3 = 13。

- 各類型閘的使用總數：本例中雙重受控 CCR = 1467、CR = 7180、Cswap = 50、CX = 200、R = 608、X = 206 等等，總共有 12,646 個量子閘。

ProjectQ 利用列表 8-3 的 Beauregard 演算法實作量子週期發現：

- run_shor 函數需要 3 個引數：

- ProjectQ 提供的量子引擎或模擬器，以及

- N：要被因數分解的數字

- a：一個互質數，用來作為 $a^x \bmod N$ 的基底

- 在量子輸入暫存器 x 處於疊加的狀態下，函數以迴圈處理從 a = 0 到 a = ln(N) 的情況。接著執行 $f(a) = a^x \bmod N$ 的量子電路，如圖 8-11 所示。

- 接著針對被前面的輸出調適過的 x 暫存器，執行傅立葉取樣。然後進行測量。

- 最後將測量值加總成一個範圍在[0, 1]的數。接著利用連分數展開傳回分母或可能的週期（r）。

列表 8-3　ProjectQ 週期發現的量子副程式

```
def run_shor(eng, N, a):
  n = int(math.ceil(math.log(N, 2)))

  x = eng.allocate_qureg(n)

  X | x[0]

  measurements = [0] * (2 * n)  # 儲存 2n 個測量結果

  ctrl_qubit = eng.allocate_qubit()

  for k in range(2 * n):
    current_a = pow(a, 1 << (2 * n - 1 - k), N)

    # 1量子位元 QPE 的單次迭代
    H | ctrl_qubit

    with Control(eng, ctrl_qubit):
      MultiplyByConstantModN(current_a, N) | x
```

```
# 執行反向 QFT → 依據之前的結果進行旋轉操作
for i in range(k):
  if measurements[i]:
    R(-math.pi/(1 << (k - i))) | ctrl_qubit

H | ctrl_qubit
# 測量
Measure | ctrl_qubit
eng.flush()
measurements[k] = int(ctrl_qubit)
if measurements[k]:
X | ctrl_qubit
```

```
Measure | x
# 把測量值轉換成一個範圍在[0,1)的數
y = sum([(measurements[2 * n - 1 - i]*1. / (1 << (i + 1)))
    for i in range(2 * n)])

# 連分數展開得到分母（週期？）
r = Fraction(y).limit_denominator(N-1).denominator

# 傳回（可能的）週期
return r
```

下一節匯總了一些不同 N 值的因數分解結果。

模擬結果

ProjectQ 的週期發現副程式是在傳統電腦上模擬量子電路，所以拿來分解很大的數字並不實際。事實上，在家用 PC 上沒辦法在合理時間內，分解超過四個位數的數字。表 8-3 顯示不同的 N（最大到 2491）值下，從膝上型電腦蒐集到的一些結果。

表 8-3　各種不同 N 值的分解結果

數字（N）	量子位元	時間（秒）	記憶體（百萬位元組 MB）	量子閘數目
15	11	2.44	50	CCR = 792 CR = 3186 CSwap = 32 CX = 128 H = 1408 R = 320 X = 130 測量 = 9
105	17	27.74	200	CCR = 3735 CR = 25062 CSwap = 98 CX = 392 H = 6666 R = 1568 X = 393 測量 = 15
1150	25	17542.12 （4.8 小時）	500	CCR = 15366 CR = 139382 CSwap = 242 CX = 968 H = 24222 R = 5829 X = 981 測量 = 23
2491	27	246164.74 （68.3 小時）	2048	CCR = 20601 CR = 194670 CSwap = 288 CX = 1152 H = 31126 R = 7509 X = 1166 測量 = 25

在 64 位元 Windows 7、2.6 GHz Intel Core i-5 CPU、16 GB RAM 的 PC 上分解 4 位數 2491 需花費超過 68 小時。我嘗試再往更高分解 N = 8122，但在一個星期後放棄了。總之，這些結果顯示演算法在 N 值小的時候可以成功地模擬，但是還是得在實際的量子電腦上實作才能測試其真正的威力。

本章以兩個讓人們對實際量子計算之可能性感到振奮的演算法，來結束整本書的討論：能在平均 N 的平方根個步驟內找到輸入的非結構化量子搜尋方法—Grover 演算法。它比平均需要 N/2 個步驟、迄今最好的傳統演算法要快得多。我們可以期待未來的網站搜尋都將由 Grover 演算法取代。

根據專家的說法，量子電腦的 Shor 演算法可能摧毀現今的非對稱密碼學。此演算法可能是最有名的量子演算法，也是展現量子計算威力很棒的例子—相較於傳統方法，它能夠提供指數型的速度改進。

最後作為結語想說的是：我已盡力融合數學、軟體、以及可能找到的許多圖表來解釋困難的量子計算概念。本書的寫作過程伴隨著大量的咖啡及無眠的夜晚，更不用說許多數學對於我以及可能對讀者來說，都同樣令人感到困惑難解。希望讀者閱讀時也能感受到我寫作時所得到的樂趣，也請記得：偉大物理學家費曼曾說過，「如果有人告訴你他懂量子力學，這表示他其實並不懂。」

索引

※ 提醒您：由於翻譯書排版的關係，部分索引名詞的對應頁碼會和實際頁碼有一頁之差。

Q

量子計算實戰

作　　者：Vladimir Silva
譯　　者：陳建宏
企劃編輯：蔡彤孟
文字編輯：江雅鈴
設計裝幀：張寶莉
發 行 人：廖文良

發 行 所：碁峰資訊股份有限公司
地　　址：台北市南港區三重路 66 號 7 樓之 6
電　　話：(02)2788-2408
傳　　真：(02)8192-4433
網　　站：www.gotop.com.tw
書　　號：ACL057100
版　　次：2020 年 01 月初版
建議售價：NT$580

國家圖書館出版品預行編目資料

量子計算實戰 / Vladimir Silva 原著；陳建宏譯. -- 初版. -- 臺北市：碁峰資訊, 2020.01
　　面；　公分
　　譯自：Practical Quantum Computing for Developers
　　ISBN 978-986-502-347-8(平裝)
　　1.量子力學　2.雲端運算
331.3　　　　　　　　　　　　　　　　　108019767